아이에게 딱 하나만 가르친다면,
자기 조절

일러두기

- 이 책에 등장하는 사례들은 진료실에서 만난 다양한 인연들을 바탕으로 재구성한 내용으로, 모두 가명을 사용했다.
- 이 책에 등장하는 사례들 속 아이들의 나이는 모두 만 나이다.

아이에게 딱 하나만 가르친다면,

자기 조절

7세부터 13세까지
성취하는 아이로
성장하게 하는
가장 강력한 무기

김효원 지음

whale books

자기 조절을 잘하는 아이로
키우고 싶은 부모님들에게

진료실이나 강연장에서 만나는 부모님들에게 아이가 어떤 사람으로 자랐으면 좋겠냐고 물어보면 대부분 행복한 아이, 자기 자신을 사랑하고 사회 속에서 잘 어울려서 살아가는 아이라고 답한다. 아이가 사회 속에서 행복하게 살아가려면, 발달 단계에 맞게 배우고 성장해야 하며, 스스로 좋아하는 것을 하면서 성취감을 느껴야한다. 또 가정과 학교에서 사람들과 잘 어울릴 수 있어야 하고, 또래 관계에서 받아들여질 뿐만 아니라 관심사와 감정을 나눌 친구가 있어야 한다. 이런 모든 과정에서 자기 조절이 필요하다.

그런데 아이들이 살아가는 현실은 만만하지 않다. 2023년에 한 중학생이 인스타그램 라이브로 중계방송하면서 자살한 일이 있었다. 2024년 초에는 중학생이 다른 학생을 칼로 찌르는 일이 있었다. 2024년 6월에는 한 초등학생이 교감 선생님을 폭행하는 영상이 공개되어 전 국민의 공분을 샀다. 이렇게 굵직한 사건들 외에도 가정과 학교에서 자기 뜻대로 안 되는 상황, 예상치 못한 일을 견디지 못하고 욱하는 아이들이 점점 늘어나고 있다. 우리는 주변에서 원하는 것을 들어주지 않는다고 소리를 지르거나 짜증을 내는 아이들을 쉽게 볼 수 있다. 부모님이나 선생님의 지시를 따르지 않고 함부로 말하거나 고집을 부리는 아이들도 많다. 아이들끼리의 사소한 몸싸움이나 말싸움이 큰 사건으로 번진다. 집마다 스마트폰 사용 문제로 부모와 아이가 부딪치고, 청소년들 사이에서는 자해와 자살 시도가 급격히 증가하는 추세이다. 한마디로 자기 조절이 어려운 아이들이 점점 늘어나고 있다.

예전보다 아이들이 살아가는 현실에 스트레스와 갈등이 많아졌다. 과열된 학업 경쟁과 끊임없는 스트레스는 아이들을 조급하게 만들고, 쉽게 좌절감을 느끼게 한다. 배워야 할 것은 많아졌는데, 자유롭게 뛰어놀며 사회성을 기르고 스트레스를 해소할 기회는 줄어들었다. 또 스마트폰, 태블릿 PC 등 디지털 기기의 과도한 사용과 각종 게임과 릴스, 쇼츠 등 재미있고 흥미를 자극하는 콘텐츠들이 아이들의 자기 조절이 성장하는 것을 방해한다. 가정이 핵가족화되고 사회가 복잡해지면서 가정과 학교에서 아이들의 마음을 충분히 돌보고, 자기 조절을 가르치는 역할을 잘하기가 어려워졌다. 그러다 보니 스트레스와 갈등을 견디면서 일상생활과 사회적 관계를 유지하는 아이들의 자기 조절이 위기에 처한 것 같기도 하다.

부모님들도 점점 더 자기 조절이 어려운 아이들을 어떻게 이해하고 도와야 할지 막막해한다. 부모의 역할은 아이가 잘 자랄 수 있도록 돌보고 사랑해주는 것뿐만 아니라, 아이가 스스로 잘 조절하고 사회 속에서 다른 사람들과 잘 어울려 생활할 수 있도록 이끌어주는 것이다. 이렇게 아이가 자기 자신을 잘 조절하고, 다른 사람에게 피해를 주지 않으면서, 규칙이나 규범에 따라 행동하도록 가르치려면 부모에게는 먼저 아이의 자기 조절이란 무엇인가에 대한 고민이 필요하다.

이 책에서는 뇌 과학과 심리학, 정신 의학의 최신 연구 결과들을 바탕으로 자기 조절의 다양한 요소들이 어떻게 발달하는지를 쉽고 명확하게 설명하고자 했다. 또 양육 현장에서 부모가 겪는 다양한 어려움과 질문에 대한 해답을 제시하며, 부모가 아이의 자기 조절을 키우는 데 필요한 구체적이고 실제적인 방법을 담았다.

책은 크게 1부와 2부, 각 부는 3개의 장으로 구성되어 있다. 1부에서는 아이의 자기 조절이 무엇인지 심층적으로 살펴본다. 1~2장에 걸쳐 아이의 자기 조절을 이루는 5가지 영역을 알아보고, 3장에서는 아이의 자기 조절을 결정하는 6가지 열쇠에 대해서 짚고 넘어간다. 2부에서는 부모가 아이의 자기 조절을 키우기 위해 무엇을 해야 하는지 실천 방법을 제시한다. 4장에서는 아이의 뇌를 살펴봄으로써 부모가 아이의 자기 조절을 도와주는 방법을 이야기하는

데, 전문적인 용어가 다소 등장하므로 어렵게 느껴진다면 맨 마지막에 읽거나 넘어가도 괜찮다. 5장에서는 부모-자녀 관계 설정부터 영역별로 자기 조절을 키우는 방법을 설명하고, 6장에서는 부모가 스스로 자신의 자기 조절을 돌아보게끔 했다.

자기 조절이 어려운 아이의 뇌와 마음속에서 일어나는 일을 부모가 조금 더 이해한다면 아이의 자기 조절을 키워줄 방법 또한 쉽게 찾을 수 있을 것이다. 그리고 책에 나오는 여러 아이와 부모의 사례를 통해서 부모 자신의 마음속에서 일어나는 감정을 보다 차분하게 들여다보고, 아직 해결되지 않은 마음속 갈등을 다독이면서 아이를 잘 키울 수 있도록 돕고자 한다.

부모는 아이의 첫 번째 스승이다. 아이가 세상을 배우고 성장하는 데 가장 큰 영향을 미치는 존재가 부모라는 의미이다. 아이가 자기 조절을 기르는 데 있어 부모의 역할은 매우 중요하다. 내 아이가 자신의 감정과 행동, 생각을 잘 조절하고, 목표를 설정해 꾸준히 노력하며, 다른 사람과의 관계 속에서 스스로 조율해가는, 즉 자기 조절을 잘하는 아이로 성장하기를 바라는 부모님들에게, 한 명의 연구자이자, 상담자이자, 부모로서 이 책이 현실적이고 실질적인 도움이 되기를 바란다.

아이에게 딱 하나만 가르친다면, 자기 조절

차례

1부

아이 인생의 최고의 무기, 자기 조절

1장
아이의 자기 조절
살펴보기

2부

아이의 자기 조절을 키우는 방법

4장
복잡한 뇌에
단순한 해법이 있다

5장
자기 조절이 남다른
아이로 키우는 방법

6장
조절하는 부모가 조절하는 아이를 키운다

아이 인생의 최고의 무기,
자기 조절

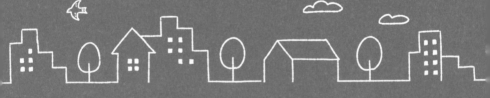

1장

아이의
자기 조절
살펴보기

자기 조절은 아이의 삶에 다양한 방식으로 영향을 준다. 공부, 학교생활, 또래 관계, 가족과의 관계, 자존감 등이 모두 자기 조절의 영향을 받는다. 그래서 자기 조절의 5가지 영역인 감정 조절, 행동 조절, 인지 조절, 관계에서의 조절, 즐거움과 동기의 조절이 모두 잘 자랄 수 있도록 도와주는 것이 중요하다.

자기 조절이란
무엇인가

※ 호민이(4세, 남)는 기다리는 것을 못 하는 아이다. 스파게티가 먹고 싶다고 해서 엄마가 요리를 해주는데, 기다리지 못하고 계속 옆에서 "아직이에요?" 하고 재촉하더니, 스파게티를 그릇에 담자마자 뜨거운 채로 먹어서 입천장을 다 데었다.

※ 은우(초1, 여)는 서점에 가서 자기가 좋아하는 만화책 한 권, 엄마가 고른 책 한 권을 사기로 했다. 그런데 막상 서점에 가서는 자기가 좋아하는 만화책만 사고, 엄마가 고른 책은 사지 않겠다고 징징거리면서 소리를 지르기 시작했다.

※ 수형이(초3, 남)는 친구들과 놀 때 자기가 하고 싶은 놀이만 하

겠다고 고집을 부린다. 성격이 밝고 적극적이라 먼저 잘 다가가는 편이어서 학기 초에는 친구를 쉽게 사귀지만, 시간이 지날수록 왜인지 친구들은 점점 수형이와 거리를 두려고 한다.

＊ 영후(중2, 남)는 누가 자기를 제지하는 것을 몹시 싫어한다. 한창 게임 중에 학원 갈 시간이 되었으니 나가야 한다고 하거나, 스마트폰으로 좋아하는 유튜버의 영상을 보는 중에 잘 시간이라고 말하면 다짜고짜 소리를 지르면서 화를 낸다.

＊ 희진이(고1, 여)는 고등학교 입학 후부터 수행 평가나 시험 등 성적에 신경을 쓰면서 불안하고 초조해지기 시작했다. 국어 수행 평가 리포트를 쓰다가 실수로 파일이 날아가자 인스타그램 스토리에 '국어 수행 날아감 자살각'이라고 올렸다.

사례로 등장한 아이들의 공통점은 자기의 감정, 행동, 생각, 욕구를 조절하기 힘들다는 것이다. 그런데 요즘에는 이렇게 자기의 감정, 행동, 생각, 욕구의 조절이 어려운 아이들이 점점 늘어나고 있다. 학교에서 수업 시간에 가만히 있지 못하고 돌아다니는 아이, 뜻대로 되지 않으면 물건을 던지거나 주변 사람을 때리는 아이, 걱정이나 불안 때문에 새로운 시작을 힘들어하는 아이, 친구들과 있을 때는 속상한 일이 있어도 말을 잘 못 하다가 집에만 오면 엄마에게 짜증을 내는 아이, 스트레스를 받으면 확 움츠러들거나 자해를 하는 아이… 최근에 우리는 이런 아이들을 주변에서 흔히 만날 수 있다. 자기 조절에 어려움을 겪는 아이들이 늘어난 것이다.

근래 수십 년간 우리 사회가 엄청나게 빠른 속도로 바뀌면서 아이를 양육하고 교육하는 환경도 빠르게 바뀌었다. 저출산과 핵가족화로 아이에게는 많은 사람들과 함께 부대끼며 자라는 경험이 부족해졌고, 아이가 원하는 것을 바로바로 다 해주는 쪽으로 가정과 사회의 양육 방식이 변화했다. 사회 전체가 공동체보다는 개개인을 중요하게 생각하는 분위기로 변모하면서 아이를 훈육하는 역할을 담당하는 사람이 줄어들었고, 동시에 학교와 사회에서 아이를 적절하게 훈육하는 것이 점점 어려워지고 있다. 학습과 성적을 중요시하면서 아이들이 놀이와 예술, 체육을 통한 감정과 행동 조절을 배울 기회가 축소된 것은 물론이다. 여기에 디지털 미디어와 SNS가 빠르게 확산되면서 아이들이 즉각적인 만족에 익숙해져 욕구를 지연하고 노력해서 무언가를 얻는 것을 점점 힘들어하고 있다. 우리 사회가 아이들이 자기 조절을 배우기 어려운 쪽으로 점점 바뀌고 있음은 부인할 수 없는 사실이다.

자기 조절self-regulation은 외부 환경과 자기 내부의 자극에 반응해서 자기의 감정이나 행동, 생각을 조절하는 능력을 의미한다. 외부의 스트레스나 내면의 격한 감정을 마주했을 때, 폭발하거나 억누르지 않고 잘 다루고 반응할 수 있는 능력이 바로 자기 조절이다. 아이가 자기 조절을 잘하려면, 스트레스를 받거나 압도되는 내적·외적 자극을 마주했을 때, 한 걸음 떨어져서 상황을 바라볼 수 있고,

행동하기 전에 생각할 수 있고, 자기 자신을 차분하게 다스릴 수 있는 능력 등이 필요하다. 그리고 어려운 과제를 맞닥뜨렸을 때 포기하지 않고 계속 노력하는 능력도 필요하다. 선택과 의사 결정을 하는 능력, 계획을 세우고 실행하는 능력도 자기 조절에 포함된다. 화가 나거나 감정에 압도될 때 뚜껑이 열리는 대신에 숨을 천천히 쉬면서 자기감정을 조절하는 능력도 마찬가지이다.

자기 조절은 아이가 살면서 마주치는 스트레스와 아이의 조절력 사이의 균형에서 온다. 아이의 스트레스가 조절력을 넘어설 때, 아이는 자기 조절이 무너지는 조절 불능 상태dysregulation가 되는데, 이렇게 조절이 깨지는 상태는 인생의 어느 시점에서든 일어날 수 있다. 원하는 장난감을 사주지 않는다고 떼를 쓰면서 분노 발작temper tantrum을 하는 어린아이, 학교에서 선생님이 잘못을 지적했다고 소리를 지르며 우는 초등학생, 친구와 다퉜을 때 자해를 하는 고등학생, 일이 뜻대로 안 되면 인사불성이 될 때까지 술을 마시는 어른… 모두 내부와 외부의 스트레스가 자신의 조절력을 넘어 균형이 깨져버린 마음의 상태를 보여준다.

다양한 사람들과 복잡하게 연결되는 관계 속, 빠르게 변화하는 현대 사회에서 사람들은 누구나 매 순간 스트레스에 노출된다. 현재 아이들이 살아가고 있는 사회는 어른들이 살아왔던 세상보다 더 복잡하고 획일적이며, 스스로 선택하거나 통제할 수가 없는 곳이다. 학교를 가지 않을 수도 없고, 성적과 입시라는 압박을 피하기도 어려우며, 마음이 맞지 않는 친구가 있어도 매일매일 마주쳐야

만 한다. 그래서 아이들도 어른들 못지않게 많은 스트레스에 시달린다. 심지어 아동 학대나 학교 폭력과 같은 일을 경험하기도 한다.

아이, 청소년, 성인까지 우리는 모두 살면서 마주치는 스트레스와 어려움에도 불구하고, 감정, 행동, 생각을 스스로 조절하기 위해 안간힘을 쓴다. 이러한 자기 조절은 공부하거나 일하고, 다른 사람과 친밀한 관계를 맺고, 세상을 즐겁고 행복하게 살아가기 위해 꼭 필요한 능력이다. 그래서 부모는 아이가 어릴 때부터 삶의 균형을 잘 유지하면서 자기 조절을 갖출 수 있도록 도와줘야 한다.

이어서 등장하는 규원이, 동윤이, 이준이, 아린이는 자기의 감정, 행동, 생각을 잘 조절하는 힘을 가진 아이들이다.

※ 규원이(초1, 여)는 친구 수인이와 키즈 카페에 갔다. 그런데 주말이라서 그런지 1시간 정도 대기해야 한다는 말을 들었다. 에어바운스도 타고 볼풀장에서도 놀고 싶은데, 1시간이나 기다려야 한다니 짜증이 났다. 그렇지만 금방 "엄마, 색종이 있어요? 기다리는 동안 수인이랑 종이접기하고 있을게요"라고 말하고 수인이와 놀면서 기다리기 시작했다.

※ 동윤이(초3, 남)는 친구들과 놀 때 먼저 다른 아이들이 어떻게 하는지 지켜보는 편이다. 잠깐 쉬는 시간에 눈치 있게 놀이에 끼어들고, 또 놀이의 규칙을 빠르게 알아차리는 편이어서 친구들은 동윤이와 노는 것을 좋아한다. 갑자기 다른 친구가 새로

운 놀이를 하자고 고집을 부려도 당황하지 않고 크게 3번 심호흡한 다음에 "지금 우리가 젠가 게임을 하고 있잖아. 우선 이 게임부터 끝내고 무엇을 할지 정할 때까지 기다려"라고 분명하게 이야기한다.

※ 이준이(중3, 남)는 스마트폰으로 스포츠 경기나 재미있는 유튜브 영상을 보는 것을 좋아한다. 그런데 여름 방학이 되고 나서부터는 새벽 3~4시까지 영상을 보고 오전 11시에 일어나는 생활이 반복되었다. 학원 숙제도 다 못 하고, 학원에도 자꾸만 지각하니까, 이래서는 안 되겠다는 생각이 들었다. 이준이는 방학 동안만 새벽 1시에 핸드폰을 엄마에게 맡기겠다고 했다.

※ 아린이(고1, 여)는 속상한 일이 생기면 말로 해결한다. 고등학교 입학 후 첫 시험에서 예상보다 너무 성적이 낮게 나와 실망했지만, 엄마에게 하소연하며 속상한 마음을 풀어냈다. "나는 그래도 내가 좀 잘하는 편인 줄 알았는데, 이렇게까지 성적이 안 나올 줄은 몰랐어. 너무 속상해. 이 동네 애들은 왜 이렇게 공부를 잘하는 거야?", "어디서부터 다시 해야 하지? 마음먹고 열심히 하면 잘할 수 있겠지? 엄마, 나 성적이 잘 안 나올까 봐, 좋은 대학을 못 갈까 봐 너무 걱정돼.", "최대한 딛고 일어서려고 노력 중이야. 그래도 잘 안 되면 엄마한테 또 말할게."

자기 조절이
중요한 이유

　자기 조절은 삶의 시작부터 함께한다. 신생아는 배가 고프면 울지만 배가 부르면 만족하고 편안해하며, 큰 소리가 나면 깜짝 놀라지만 엄마가 다독여주면 불안이 줄어든다. 스스로 손가락을 빨면서 무료함이나 불안을 달래기도 한다. 이처럼 자신의 감정과 행동, 생각을 조절하는 능력은 아주 어린 아기 때부터 존재하며, 인간을 인간이게끔 하는 것이다. 자기 조절은 신생아 때부터 자라기 시작하여 성인이 된 이후에도 지속 성장하고 사람의 인생 전체에 걸쳐서 영향을 준다.

공부와 자기 조절

우리나라에서 학교 공부를 잘 따라가고 좋은 성적을 내려면 자기 조절이 매우 중요하다. 교실에 앉아 집중해서 수업을 듣고 알림장이나 숙제를 챙기는 일이 모두 자기 조절과 관련된다. 학년이 올라가 공부해야 할 것이 많아지면 자기 조절이 더 중요해진다. 자신의 학습 수준을 파악하여 장단기 목표를 세우고 꾸준히 실행하는 것이 모두 자기 조절과 연관되기 때문이다. 스마트폰이나 시험 전날 놀자고 하는 친구와 같이 공부를 방해하는 유혹을 이겨내고, 성적이 떨어지는 것과 같이 어려움이 생겼을 때 적극적으로 문제를 해결해가는 것도 역시 자기 조절이 뛰어난 아이들이 잘한다.

학교생활과 자기 조절

학교에서는 정해진 일과에 맞춰서 스스로 할 일을 잘 챙기는 것이 중요하다. 수업 시간에 종이 울리면 친구들과의 이야기를 멈추고 책상에 앉아 그 시간에 맞는 교과서와 준비물을 꺼내야 한다. 선생님 말씀을 잘 듣고 하라고 하는 것을 시간 내에 완성해야 한다. 옆에서 친구가 계속 장난을 쳐도 휩쓸리지 않고 수업에 집중해야 한다. 배가 고프거나 목이 말라도 참아야 하고, 화장실에 가고 싶을 때는 손을 들고 허락을 받아야 한다. 속상하거나 화나는 일이 생겨도 감정을 폭발하지 않고 말로 표현할 수 있어야 하며, 친구들 사이에서 갈등이 생기면 조정할 수도 있어야 한다. 그래서 자기 조절이 뛰어난 아이들은 학교에서 살아남기가 유리하다.

또래 관계와 자기 조절

또래 친구와 의미 있는 관계를 맺고 유지하는 데도 자기 조절은 중요한 역할을 한다. 친구를 잘 사귀려면, 다른 사람에 대한 관심, 관계를 맺고 싶어 하는 마음, 불안이나 분노와 같은 부정적인 감정을 조절하는 능력, 다른 사람의 상황과 감정을 이해하는 능력, 놀이나 대화를 잘 시작하고 끼어들고 마치는 능력, 갈등을 이해하고 해결하는 능력이 필요하다. 이러한 능력은 아이의 감정, 행동, 인지 조절이 자라면서 함께 발달한다.

가족 관계와 자기 조절

부모는 아이를 키우고 돌보고 가르치는 사람이다. 부모는 아이가 아주 어릴 때부터 숟가락질, 양치질, 장난감 정리 등과 같은 일상생활의 습관을 가르친다. 위험한 것을 만지지 말라고 가르치고, 다른 사람을 때리는 행위는 옳지 않다는 것도 가르친다. 아이의 감정과 생각을 물어봐주고 읽어주면서, 감정과 생각을 행동이 아닌 말로 표현하는 법도 가르친다. 그래서 에너지가 넘치고 두려움이 없는 기질을 타고나거나 불안이 높은 아이는 부모가 가르치고 훈육하는 일이 어려울 수 있다. 그런가 하면 자기 조절을 늦게 배우는 아이는 가족 안에서도 충동적이거나 공격적인 말과 행동을 하고 감정 기복을 보여 가족 간의 갈등이 많을 가능성이 크다.

자존감과 자기 조절

자기 조절은 정신 건강과 행복의 필수 요소이다. 현대 사회에서는 일, 학업, 인간관계, 놀이와 취미 생활 등 거의 모든 영역에서 자기 조절을 요구한다. 아이들이 분노, 공포, 불안과 같은 부정적인 감정을 스스로 다독이고 자기의 행동과 생각을 조절할 수 있어야 일, 학업, 인간관계 및 취미 생활까지 잘할 수 있고, 나아가 행복한 인생도 살 수 있다. 아이들 자신도 스스로 감정을 다루고 조절할 때 스스로에 대한 신뢰감을 가질 수 있다. 또 일관성을 갖고 끈기 있게 노력을 기울여 무언가를 성취해낼 수 있을 때 자신의 노력과 능력에 대한 자신감을 가지게 된다. 인간관계에서도 자신의 감정과 생각을 말로 잘 풀어내고 갈등을 해결할 수 있어야 주변 사람들이 감정적으로 신뢰하는 동료, 파트너, 가족이 될 수 있다는 자신감을 가지게 된다.

자기 조절의
5가지 영역

감정 조절, 행동 조절, 인지 조절, 관계에서의 조절, 즐거움과 동기의 조절이 자기 조절의 중요한 영역이다. 이처럼 5가지 영역은 서로 밀접하게 관련되어 계속 영향을 주고받으며 자기 조절에서 중요한 역할을 한다.

감정 조절

감정 조절은 아이가 자기감정을 알아차리고, 말로 표현하며, 상황과 맥락을 고려해서 조절하는 능력이다. 또 다른 사람의 감정을 알아차리고 공감하는 능력, 실패와 좌절을 견디는 능력, 예상치 못한 일이 생겼을 때 차분하게 문제를 해결하는 능력도 여기에 포함된다. 감정 조절은 가족이나 친구와의 관계, 학업, 장기적인 정신 건강 등에도 중요한 역할을 한다. 감정 조절은 자기 조절의 핵심 요소이면서 동시에 아이의 의사소통, 사회성, 인지 발달을 돕고, 학업과 학교생활 및 사회생활을 잘하도록 이끄는 기초가 된다.

행동 조절

행동 조절은 아이가 자신의 행동을 관찰하고 모니터하며 효율적으로 하도록 조절하는 능력이다. 행동 조절에는 각성 수준이나 에너지를 상황에 맞게 조절하는 능력이 포함된다. 또 충동을 억제하고, 말이나 행동하기 전에 한 번 더 생각하고, 자신의 말이나 행동이 다른 사람에게 미칠 수 있는 영향을 고려하여 조심스럽게 행동하는 것도 행동 조절이다. 그리고 바로 눈앞에 있는 즐거움보다 장기적인 목표를 생각하면서 욕구 만족을 지연하고 꾸준히 노력할 수 있는 능력도 행동 조절에 포함된다.

인지 조절

아이가 스스로 자기 생각을 조절하는 힘을 인지 조절이라고 부른다. 인지 조절에는 목표를 달성하기 위해 꾸준히 성실하게 노력하는 능력과 주의를 흐트러뜨리는 자극을 걸러내고 집중해야 할 것에 집중하는 능력이 포함된다. 또 자기의 감정, 행동, 생각 자체를 돌아보는 능력인 메타인지도 인지 조절의 중요한 요소이다. 그리고 불안이나 강박과 같이 원하지 않는 생각이 계속 떠오르는 상황을 억제하는 능력도 인지 조절의 한 부분이다. 인지 조절을 통해 아이는 주변 환경을 이해하고 문제를 해결하며 지식과 경험을 쌓아갈 수 있다.

관계에서의 조절

사람은 기본적으로 다른 사람들과 관계를 맺고 싶어 하는 사회적 존재이다. 사람과 사람이 관계를 맺는 데도 다양한 조절 능력이 필요하다. 관계에서의 조절은 사회적 상황에서 다른 사람들이 어떻게 느끼는지를 이해하고, 자신의 말과 행동이 다른 사람들에게 어떤 영향을 미치는지를 알고, 여기에 맞춰서 자신의 행동을 조절하는 능력이다. 또 언어적·비언어적 의사소통, 공감, 경청, 우정을 시작하고 유지하는 능력, 갈등을 해결하는 능력이 모두 관계에서의 조절에 포함된다.

즐거움과 동기의 조절

현대 사회에는 아이들이 좋아할 만한 것들이 너무나 많다. 각종 게임, 틱톡, 릴스, 쇼츠 등 재미있는 것들이 끝없이 넘쳐나서 하다 보면 멈추기가 어렵다. 자칫 이런 것들에 빠져 일상생활에 방해가 되기도 한다. 그런데 요즘에는 반대로 하고 싶은 것도 없고, 딱히 즐거운 것도 없는 무기력한 아이들도 많다. 그래서 일상의 즐거움을 어느 정도 느낄 수 있으면서도, 즐거움을 어느 순간 멈출 수 있는 것이 자기 조절의 중요한 요소가 된다.

아이의 자기 조절 발달에 영향을 주는 3가지 요소

자기 조절은 아주 어린 나이에서부터 어른이 될 때까지 점차 자라나는 능력이다. 아이의 자기 조절이 발달하는 데는, 타고난 기질, 성장 환경과 경험, 그리고 부모의 자기 조절이 영향을 준다.

타고난 기질

❋ 해인이(3세, 여)는 태어나면서부터 잘 자고 잘 먹고 잘 노는 순한 아기였다. 백일이 되면서부터는 분유를 배부르게 먹고 나면 8시간을 쭉 잤다. 처음 보는 장난감이 있으면 엄마를 쳐다보고 나서 엄마가 고개를 끄덕이면 만졌고, 처음 가는 장소에서

도 익숙해질 때까지 조심조심 움직여서 위험한 일이 별로 없었다. 그런데 해인이와 달리 2살 터울 동생은 손이 많이 가는 아이였다. 저녁마다 이유 없이 울어서 2~3시간씩 안거나 업어서 재워야 했는데, 마치 등에 센서가 있는 것처럼 바닥에 내려놓으면 바로 울기 일쑤였다. 기기 시작하면서부터는 아무거나 바닥에 있는 것이라면 죄다 입에 집어넣었고, 걷기 시작하면서부터는 발에 바퀴가 달린 것처럼 이리저리 돌아다녀 엄마가 눈을 뗄 수가 없었다.

자기 조절이 자라나는 과정에서 아이의 타고난 성향이나 기질이 중요한 역할을 한다. 태어난 지 얼마 되지 않은 아이들 가운데서도 이미 엄마가 분유를 타는 동안 기다리는 아이와 숨넘어갈 듯이 울면서 기다리지 못하는 아이가 있다. 기거나 걷기 시작하면서도 매사 조심조심하는 아이가 있고, 위험한 물건을 만지려다가 엄마가 못 만지게 하면 엄마를 깨무는 아이도 있다. 해인이처럼 순하고 매사에 조심하며 잘 조절하는 아이도 있고, 동생처럼 스스로 조절하는 힘이 약해서 부모가 눈을 뗄 수 없는 아이도 있다. 태어날 때부터 아이의 자기 조절은 이미 어느 정도 차이가 난다는 뜻이다.

성장 환경과 경험

※ 도균이(초4, 남)의 부모님은 도균이가 아주 어릴 때부터 하루가 멀다고 싸웠다. 서로 큰 소리로 비난하면서 싸우기도 하고, 화가 나면 물건을 던지거나 부수기도 해서, 도균이는 초등학교 4학년이 된 지금까지도 부모님의 목소리가 조금만 커지면 또 싸움이 날까 봐 불안하다. 2년 전, 부모님이 싸운 다음에 엄마가 3일 동안 집을 나간 적이 있었는데, 그다음부터는 엄마가 언제 또 집을 나갈지 몰라서 속상하거나 힘든 일이 있어도 말을 하지 못한다. 그러다가 화가 나면 동생에게 소리를 지르거나 동생을 때리기도 한다.

도균이처럼 아이가 자라면서 맞닥뜨리는 환경이나 경험도 자기 조절의 발달에 영향을 준다. 자기 조절은 양육자와 아이가 밀접하게 관심을 가지고 민감하고 섬세하게 서로에게 반응하는 과정을 통해서 자란다.[1] 그래서 자기 조절을 잘하는 아이로 키우기 위해서는 부모의 주의 깊은 양육과 훈육이 필요하다.

이 책에서는 부모가 자기 조절의 다양한 측면을 이해하여 자기 조절을 잘하는 아이로 키우는 방법을 이야기하려고 한다. 자기 조절은 나이를 먹는다고 저절로 생겨나지 않으며, 아이가 자라는 매 순간 각 단계에서 필요한 자기 조절을 배우고 익혀야 한다. 그래서 아이가 자라는 기간 내내 부모의 역할이 중요한 것이다. 더불어 학교에서 선생님과 친구들과의 관계에서 경험하는 것들, 사회에서 마주치는 여러 가지 사건과 사고, 디지털 미디어 속에서의 경험도 자기 조절의 발달에 영향을 준다.

부모의 자기 조절

※ 지윤이(6세, 여)는 유치원에서 친구들에게 소리를 지르고, 친구를 때리는 행동 때문에 병원에 왔다. 진료실에 있는 장난감으로 놀이도 잘하고, 내가 물어보는 질문에 대답도 잘하는 똘똘한 아이였다. "지윤아, 네가 유치원에서 친구를 때렸다고 들었는데, 왜 그런 거야?"라고 물어보니 눈을 동그랗게 뜨고 나를 바라봤다. 그러고 나서 "아빠도 화나면 저를 맨날 때리잖아요. 그런데 왜 저는 저를 화나게 하는 친구를 때리면 안 돼요?"라고 말했다.

아이의 자기 조절을 결정하는 가장 중요한 요소는 부모의 자기 조절이다. 부모가 자기 조절을 잘 못 하는 모습을 아이는 기다렸다는 듯 모방한다. 감정이나 행동을 조절하지 않아도 된다는 것을 부모 자신도 모르게 아이에게 가르치는 셈이다. 단순히 부모의 행동을 관찰하고 따라 하는 것뿐만 아니라, 부모가 감정적으로 흥분할 때 아이가 느끼는 신체적인 긴장감, 불안, 초조, 분노 등이 아이도 모르는 사이에 몸에 배어 쉽게 불안해지고 빨리 흥분하는 성향을 지니게 된다. 그래서 아이의 자기 조절 발달을 위해서는 아이를 잘 키우고 훈육하며, 필요할 때 치료를 하는 일만큼 중요한 것이 부모 자신의 감정과 행동, 생각을 조절하는 일이다.

2장

자기 조절이
남다른
아이의 비밀

자기 조절을 잘하는 아이로 키우려면 먼저 아이의 자기 조절을 잘 알아야 한다. 자기 조절의 구성 요소인 감정 조절, 행동 조절, 인지 조절, 관계에서의 조절, 즐거움과 동기의 조절에 무엇이 포함되는지를 잘 안다면 내 아이의 자기 조절을 더 잘 이해할 수 있다. 내 아이가 자기 조절에서 지닌 강점과 약점을 발견할 수 있고, 다양한 측면에서의 자기 조절이 각각 어떤 속도로 자라는 중인지도 알아차릴 수 있다. 이처럼 아이의 자기 조절을 잘 이해하면 아이의 자기 조절이 잘 자라도록 도와줄 수 있다.

감정 조절은 일상생활의 스트레스에 대처하면서 감정을 잘 조절하는 능력으로, 행동과 생각을 조절하는 능력과 더불어 자기 조절에서 중요한 역할을 한다. 감정 조절은 목표를 달성하기 위해 자기 자신의 감정적 반응을 모니터하고 평가하며 수정하는 과정이면서, 동시에 자신과 다른 사람의 감정을 인식하고 이해하며 받아들일 뿐만 아니라, 상황과 맥락을 고려하면서 적절한 방식으로 감정 반응의 조절 전략을 구현할 수 있는 능력을 의미한다.

감정 조절은 한 인간이 사회 속에서 관계를 맺고 일하고 살아가는 일상적인 능력에 영향을 준다. 가정생활, 학교생활, 사회생활이 모두 감정 조절의 영향을 받는다. 아이가 아침에 일어나서 학교에 갈 준비를 하고, 학교에서 수업 시간표에 맞춰 공부하고, 친구들과 잘 지내고, 방과 후에 놀이터에서 친구들과 놀거나 학원에서 공부하거나 학교 숙제와 준비물을 챙기고 잠을 자는 모든 과정이 감정 조절과 관련된다. 감정 조절을 잘하는 아이는 일상에서 맞닥뜨리는 많은 문제를 쉽게 해결할 수 있지만, 그렇지 않은 아이는 자기 생활을 스스로 챙기고, 공부하고, 친구를 사귀고, 노는 등 삶의 전반에서 어려움을 겪게 된다. 결국, 감정 조절을 잘하는 아이가 세상을 잘 살아가게 되는 셈이다.

감정 조절은 다른 자기 조절 발달의 바탕이 된다. 아이의 뇌는 뒤쪽에서 앞쪽으로, 아래쪽에서 위쪽으로 자라난다. 호흡이나 맥박, 혈압을 유지하는 것과 같이 생존에 필요한 기초적인 기능을 담당하는 부위인 뇌간(뇌의 가장 아래쪽에 위치)의 성장이 가장 먼저 이뤄지고, 운동, 감각, 언어, 집중, 사고와 같은 고차원적인 인지 기능을 담당하는 대뇌 피질(뇌의 가장 위쪽에 위치)의 성장은 가장 마지막에 이뤄진다. 그리고 뇌간과 대뇌 피질의 중간에 위치하는 변연계의 발달이 대뇌 피질보다 먼저 이뤄진다. 변연계는 우리의 감정을 담당하는 곳으로, 감정을 느끼고, 기억을 회상하며, 기억에 감정을 입히는 역할을 담당한다. 그래서 변연계의 발달이 잘 이뤄져야 대뇌 피질의 발달도 잘 이뤄질 수 있는 것이다.

아이의 감정 조절은 행동 조절과 인지 조절에 영향을 준다. 아이는 심리적으로 안전하고 편안하다고 느낄 때 자기의 행동과 생각을 잘 조절할 수 있다. 스트레스를 받은 뇌는 학습을 할 수 없다. 뇌가 스트레스를 받으면 변연계가 과활성화되고 대뇌 피질이 기능을

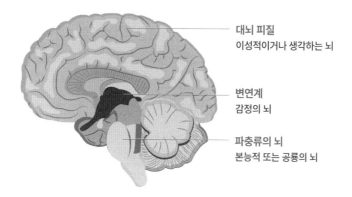

대뇌 피질
이성적이거나 생각하는 뇌

변연계
감정의 뇌

파충류의 뇌
본능적 또는 공룡의 뇌

제대로 발휘하지 못하기 때문에, 생각하는 능력을 사용하거나 행동 조절과 인지 조절을 잘하기 위해서는 감정이 잘 조절되는 편안한 상태에 도달할 필요가 있다. 세계적인 신경 과학자인 조지프 르두Joseph LeDoux는 사람이 감정적으로 각성될 때 감정을 담당하는 뇌 부위도 각성되면서 뇌 전체의 기능에 영향을 준다고 했다.[2] 화가 나서 씩씩거리는 아이는 엄마가 무엇을 잘못했는지 아무리 말해줘도 잘 들리지 않고, 자기가 무엇을 잘못했는지 이해하고 판단하는 것조차도 어렵다. 왜냐하면 감정이 조절되지 않는 상태가 아이의 생각하는 뇌에 영향을 주기 때문이다. 그래서 감정 조절이 아이의 행동 조절과 인지 조절의 기초가 되는 것이다.

감정 조절이 어려운 아이들의 특징

· 관심 있는 주제에 집착하고 전환을 어려워한다.

· 실망이나 좌절에서 벗어나기 어려워한다.

· 루틴에 집착하고 유지하고 싶어 한다.

· 사소한 일에 쉽게 폭발한다.

· 기분이 좋을 때와 나쁠 때의 차이가 심하다.

· 감정을 말로 표현하는 것이 어렵다.

· 놀이할 때 친구가 새로운 규칙을 제안하면 화가 난다.

감정 조절과 관련된 특징은 크게 전환, 실패와 좌절을 견디는 능력, 감정 반응의 정도, 감정을 인식하고 말로 표현하는 능력으로 나눠서 설명할 수 있다.

다음 상황으로 넘어가는 힘, 전환

❋ 별이(초1, 여)는 쉬는 시간에 친구들과 놀다가 수업이 시작되었는데도 계속 놀고 싶다면서 자리에 앉지 않으려고 한다. 종이접기를 하다가 다른 활동으로 넘어갔는데도 종이접기만 계속하겠다고 해서 선생님에게 지적을 받는다. 그렇게 지적을 받으면 종일 내내 뾰로통해서 수업에 참여도 안 하고 친구들에게

툴툴거리기도 한다.

전환shift은 한 가지 상황에서 다음 상황으로 넘어갈 수 있는 능력이다. 쉬는 시간에 친구들과 놀다가 수업 시작종이 울리면 자리에 앉아서 교과서를 펼쳐야 한다. 놀이터에서 친구와 시소를 타다가 친구가 미끄럼틀을 타자고 하면 시소에서 내려와야 한다. 이런것이 바로 전환이다. 그런데 아이들 가운데는 놀다가 공부를 해야할 때 안 하겠다고 떼를 부리거나, 자기가 하고 싶은 놀이만 계속하겠다고 고집을 피우는 아이들이 있다.

전환에 어려움이 있는 아이들은 평소에 하던 일과 장소가 바뀌는 것을 싫어하고 계획이 갑자기 바뀌는 것도 싫어한다. 상황이 예상대로 흘러가지 않을 때 남들보다 쉽게 짜증을 내고 피곤해한다. 새 학년이 되어 선생님이나 교실이 바뀌면 적응하기가 어렵다. 감정 전환도 잘 안 되어서 선생님이나 부모님에게 혼이 나면 그런 감정이 오랫동안 이어진다.

감정 조절을 잘하려면 전환을 하고, 변화를 견디며, 문제를 해결해가는 유연성이 필요하다. 전환을 잘 못 하는 아이들은 한 가지 주제나 과제에 집착하느라 다음 단계로 넘어가지를 못한다. 아침에 학교에 갈 준비를 할 때, 학교에서 수업할 때, 친구들과 놀이를 할 때 모두 전환이 필요하다. 그래서 전환을 잘 못 하는 아이들은 부모나 교사, 다른 친구들과의 관계에서 어려움을 겪게 된다. 반면에 전환을 잘하는 아이들은 자신을 환경과 주변 사람, 계획, 요구에 따라 잘 맞춰서 끌고 간다.

실패와 좌절을 견디는 능력

※ 지석이(초2, 남)가 태권도 학원에서 줄넘기 5급 시험을 보는 날이었다. 그동안 정말 잘했는데, 시험이라 긴장한 탓인지 익숙한 사범님 앞인데도 계속 잘 안 되고 3번이나 실패를 했다. 그래서 소리를 지르고 줄넘기를 던지고 그 자리에 주저앉았다. 사범님이 어르고 달래 겨우 진정을 시켰지만, 수업이 끝나 집에 가자고 하니 또 안 가겠다고 고집을 부리면서 소리를 지르고 울고불고 난리를 쳐서 결국 아빠가 데리고 와야 했다.

지석이는 어려서부터 원하는 대로 안 되는 것을 받아들이기 힘들어하는 아이였다. 먹고 싶은 소보로빵이 없으면 집에서 멀리 떨어진 가게까지 가서 빵을 사다 달라고 떼쓰고, 비도 안 오는데 장화를 신겠다고 우겨서 엄마가 안 된다고 하면 역시 울고불고 소리를 지르면서 유치원에 가지 않았다. 부모님이나 선생님이 잘못을 지적하면 불같이 화를 내기도 했다.

지석이는 자기 뜻대로 안 되는 상황을 견디기 힘들어하는 아이였다. 기질상 욕구를 즉각적으로 충족시키고자 하는 성향이 매우 높고, 지금 당장 만족을 지연하고 불확실성을 인내하는 능력이 부족했다. 어떤 일이 생겼을 때 긍정적인 결과보다는 부정적인 결과를 미리 떠올리면서 걱정하고, 실수나 실패에 대해서 인정하고 받아들이는 것을 힘들어했다. 의사 결정과 문제 해결이 필요한 상황에서 신중하게 숙고하고 적절한 해결책을 찾는 일에는 서툰 반면, 순간적인 직감과 일시적인 기분에 따라 판단이 좌우되고, 자칫 상대가 부담스러워할 만한 극적인 형태로 감정을 표현하기도 했다.

아이들은 아주 어릴 때부터 세상에는 뜻대로 안 되는 일이 많다는 사실을 경험한다. 기기 시작하면서부터 위험한 곳에 가서는 안 된다는 것을 깨닫고, 이유식을 시작하면서부터는 먹고 싶은 음식을 마음대로 먹을 수 없다는 것을 알게 된다. 영유아기에 이미 밥을 먹을 때는 숟가락을 사용해야 하고, 대소변은 정해진 장소에서만 봐야 하며, 다른 사람을 다치게 하거나 피해를 주면 안 된다는 것을 배운다. 먹고 싶은 음식을 동생과 나눠 먹어야 하고, 좋아하는 장난감도 친구와 함께 가지고 놀아야 한다는 것을 알아간다. 유치원이나 초등학교에 들어가면 단체 생활의 규칙을 지켜야 한다는 것을 배운다. 아무리 노력해도 잘 안 되는 일이 있고, 간절히 원해도 가질 수 없는 것이 많다는 사실을 깨달아가면서 아이들은 자란다. 이와 같은 모든 과정에서 실패와 좌절을 견디는 능력frustration tolerance을 학습하며 확장해가는 것이다. 감정 조절을 잘한다는 것은 실패와 좌절의 상황에서도 분노가 폭발하거나 뾰로통해지는 등 감정 기복을 보이지 않고 상황에 잘 대처하는 능력을 갖추고 있다는 사실을 의미한다.

※ 지석이와 같은 반인 주민이(초2, 남)는 발표를 좋아해 수업 시간에 기회가 있을 때마다 손을 들고 발표를 하려고 시도했다. 그러다가 선생님이 시켜주지 않으면 갑자기 화를 내고 교실을 뛰쳐나가기도 했다. 담임 선생님은 반 아이들에게 하루에 2번까지만 발표를 할 수 있고, 그다음부터는 손을 들어도 발표를 시켜주지 않을 수 있다고 미리 설명한 다음, 조금씩 기다리는 연습을 시켰다. 그때부터 발표를 시켜주지 않아 교실 밖으로 뛰쳐나가는 주민이의 행동이 조금씩 줄어들기 시작했지만, 여전히 매번 "저요!" 하고 큰 소리로 말하면서 손을 들었다. 그래서 선생님은 주민이에게 너무 큰 소리로 "저요!"라고 말하면 손을 들고 싶은 친구들이 손을 들기 어려울 수도 있다고 알려주면서, 그날의 발표 기회 2번을 모두 사용하고 나면 손을 들지 않는 연습을 따로 시켰다. 이렇게 선생님과 함께 조금씩 더 큰 좌절을 견디도록 노력하는 몇 달의 시간을 보내며 주민이에게는 좌절을 견디는 능력이 점차 자라나기 시작했다.

특정 사건에 대한 감정 반응의 정도

※ 주완이(초3, 남)는 자기 마음대로 안 될 때 짜증을 심하게 내고 위험한 행동을 한다. 주말에 친구랑 놀기로 한 날, 친척이 돌아가셔서 급하게 다 같이 장례식장을 가는 길이었다. 친구랑 놀

지 못해서인지 차 안에서 앞 좌석을 발로 차고, 운전하는 아빠의 머리를 때리기도 했다. 부모님이 힘들겠지만 어쩔 수 없는 일이라고 차분하게 설명해도 진정되지 않고 계속 소리를 지르고 발버둥을 쳤다. 한번은 고속 도로에서 너무 위험한 행동을 하여 휴게소에 들러 장난감을 사달라는 아이의 요구를 들어줄 수밖에 없었다.

주완이는 학교에서 친구들과 이야기를 할 때 너무 작은 일에 폭발하듯이 화를 내는 바람에 옳은 주장을 했는데도 비난을 받기도 한다. 주완이 자신도 힘들거나 불리한 상황이 생길 때면 화가 올라온다고 했다. "저도 바뀌려고 노력하는데 잘 안 돼요. 감정이 조금만 올라오면 멈출 수가 없어요"라고 말했다.

아이가 살아가는 환경 속에는 강렬한 감정 반응을 유발하는 것들이 너무 많다. 아동 학대나 학교 폭력, 부모의 이혼이나 가까운 사람의 죽음과 같이 큰일뿐만 아니라, 재량 휴업일이나 방학과 같이 일상생활의 루틴이 바뀌는 상황, 친구들 사이에서 환영받지 못하는 느낌, 마음에 들지 않는 성적이나 결과물, 부모의 잔소리, 〈신비아파트〉처럼 무서운 캐릭터가 나오는 프로그램, 일본에서 지진이 났다는 뉴스나 북한에서 오물 풍선을 보냈다는 재난 문자와 같이 불안이나 공포를 초래하는 것들은 주변 어디에나 있다.

그런데 아이마다 감정을 담을 수 있는 그릇의 크기가 다르기에 똑같은 경험이나 자극에 대해서도 다르게 반응한다. 한 연구에서 감정 조절은 외부의 사건이나 자극에 대해 감정 표현이 증가하는 정도와 속도, 감정 표현의 강도, 감정 표현이 감소하는 정도와 속도를 조절하는 개인의 능력이라고 하기도 했다.[3] 스트레스나 짜증이 날 만한 감정 자극이 있을 때, 우리의 첫 감정 반응은 우리가 의식하지 못하는 사이에 일어난다. 사건의 맥락이나 의미, 상대방의 의도를 짐작하고, 내 감정을 인식하여 어떻게 해야 할지를 이성적으로 생각하기 전에 분노와 짜증과 같은 감정이 먼저 마음속을 치고 올라온다. 아직 전두엽의 조절 기능이 작동하기도 전에 말이다.[4] 즉각적으로 주어지는 자극은 먼저 강렬한 감정 반응을 불러일으키지만, 전두엽의 조절 기능이 작동하기 시작하면 곧바로 감정 반응의 강도와 지속 시간, 표현 방법을 조절하게 된다.[5]

감정 조절을 잘 못 하는 사람들은 쉽게 주변 상황에 영향과 자극을 받아 짜증을 내거나 울기도 한다. 스트레스를 받는 사건이 발생했을 때 폭발하는 아이도 있고, 만성적으로 늘 짜증을 내는 아이도 있다. 사춘기나 이전의 아이들은 전두엽의 조절 기능이 충분히 발달하지 않았기 때문에 감정 반응의 강도가 세고 감정 기복을 보이기 쉽다. 이후 청소년기를 지나고 성인기에 접어들면서 전두엽의 조절 기능이 자라면 아이들 스스로 자신의 감정을 다독이고 조절할 수 있게 된다.

감정을 말로 표현하는 능력

※ 도영이(초1, 남)는 3세 후반에 어린이집을 다니기 시작하면서 부터 친구를 깨무는 행동이 가끔 있었다. 엄마는 아이의 언어 발달이 또래보다 약간 느리다 보니 말로 표현하지 못해서 그렇게 행동한다고 생각했다. 5세 때 어린이집에서 유치원으로 옮겼는데, 한 달에 한 번꼴로 친구와 다퉜다고 피드백을 받기 시작했다. 도영이는 친구와 장난감을 갖고 놀다가 다투게 되면, 말보다 행동이 먼저였다. 그러다가 친구를 깔고 앉는 일이 생겨서 결국 유치원을 그만두게 되었다. 나중에 찬찬히 물어보니 친구가 자기 물건을 마음대로 만져서 화가 나 깔고 앉았다고 했다. 도영이는 자기감정을 차분하게 살펴 다른 사람에게 말로 표현할 수 있는 능력이 아직은 충분하지 않고, 자신이 마주한 상황을 분석해 현실적인 대처 방안을 찾아내는 것이 어려워 자꾸 충동적인 행동을 하는 것 같았다. 그런데 이러한 행동이 다른 사람에게 이해와 공감을 받기가 어렵기 때문에 좌절감과 소외감, 또 억울함을 느끼는 듯했다. 도영이에게는 감정이 크게 자극되었을 때 이를 스스로 견디고 진정시킨 후, 적절한 수준으로 언어화할 수 있는 능력을 키우는 일이 필요해 보였다.

감정 조절을 잘하기 위해서는 아이가 자기 마음속에서 일어나는 일을 잘 관찰하고 인식하여 말로 표현해내는 능력이 매우 중요하다. 감정을 조절하는 가장 좋은 방법이 언어화이기 때문이다. 어린 아이들은 감정적으로 취약하다. 자기 마음속에 불편하고 싫은 감정이 일어나는 것은 알지만, 그것이 어떤 감정인지, 왜 생겨난 것인지 알아차리기는 어렵다. 그래서 아이가 겁을 먹거나 감정에 압도될 때, 주변 어른들이 무엇 때문에 그런 감정을 느끼게 되었는지 알아주고, 감정에 이름을 붙여주며, 조절을 가르치는 일이 필요하다.

"도영이가 포클레인을 계속 가지고 놀고 싶었는데, 친구가 가져가려고 해서 기분이 안 좋았구나." (감정을 느끼게 된 이유를 알아주기)
"도영이가 화가 나고 속상했나 보다." (감정에 이름 붙이기)
"그래도 친구를 깔고 앉으면 친구가 다칠 수 있으니까 그러면 안 돼. 다음에는 '나 지금 포클레인 가지고 놀고 있어. 조금만 더 놀고 너에게 줄게'라고 말해보자." (조절 가르치기)

도영이는 친구들과 다툴 때 마음속에 검은 덩어리가 있는 것 같다고 했다. 부정적인 감정이 있다는 것은 알지만, 아직 언어화해서 설명하는 능력이 부족하고, 그러다 보니 행동이 먼저 나가는 것이다. 감정 조절이 어려운 아이일수록 자신의 감정 반응을 돌아보고 다루는 능력이 부족하다. 그래서 아이가 감정을 행동으로 옮기기 전에 그 감정을 풀어내어 행동을 바꿀 수 있도록 도와주는 것이 중요하다.

감정 조절을 못 해 분노를 폭발시키거나 공격적인 행동을 하면 다른 사람을 다치게 하거나 피해를 줄 수 있다. 이렇게 감정을 조절하지 못하는 것은 본인뿐만 아니라 주변 사람들에게까지 부정적인 영향을 미친다. 특히 학교에서의 공격적인 괴롭힘은 무엇이든 심각한 문제로 여겨진다. 그래서 아이가 아주 어릴 때부터 감정 조절을 가르칠 필요가 있다.

아이가 자신의 감정을 조절할 수 있는 능력은 삶의 모든 측면에 영향을 준다. 감정 조절을 잘할 수 있는 아이는 목적 달성에 방해되는 감정을 잠시 분리해둘 수 있고, 짜증이나 불안에 의해 이성을 잃지 않고, 좌절을 견딜 수 있으며, 문제가 해결될 때까지 기다릴 수 있다. 그래서 가족이나 교사, 또래와 좋은 관계를 유지할 수 있고, 장기적인 학업과 진로에서 유리할 뿐만 아니라, 신체적·정신적으로 더 건강한 사람으로 자라게 된다.

자기 조절이 남다른 아이의 비밀 ②
행동 조절

행동 조절은 자신의 행동을 관찰하고 모니터하며 효율적으로 할 수 있도록 조절하는 능력이다. 에너지와 각성 수준의 조절, 억제 inhibition 조절, 욕구 만족의 지연 등이 행동 조절에 포함된다. 행동 조절은 행동 자체의 조절뿐만 아니라 감정 조절 및 인지 조절과 밀접하게 관련된다. 감정 조절과 인지 조절에서 어려움이 있을 때 행동 조절의 문제로 나타나기도 하기 때문이다.

행동 조절이 어려운 아이들의 특징
• 질문이 끝나기도 전에 대답한다.
• 충동 조절을 잘 못 한다.

- 집단 활동을 방해한다.
- 매사에 급하다.
- 실수가 잦다.
- 실수하는지 확인하지 않는다.
- 자신의 행동이 다른 사람에게 미치는 영향을 고려하지 않는다.
- 말이 많다.
- 새로운 일을 시작할 때 조심성이 없다.
- 에너지 레벨이 너무 높다.

에너지와 각성 수준의 조절

※ 봄이(5세, 여)는 잠을 잘 자지 못하는 아이다. 밤에 잠이 드는 데는 2~3시간씩 걸리고, 아침에는 일어나기가 힘들며, 일어나기 전에는 꼭 30분씩 누워 있어야 한다. 그러다 보니 아침에는 텐션이 낮아 뭘 해도 기운이 없고 유치원에 가는 준비도 느릿느릿해서 엄마가 속이 터질 지경이다. 그런데 밖에만 나가면 갑자기 텐션이 올라가 친구들이랑 뛰어다니면서 잘 논다. 높거나 위험한 곳에 올라가는 건 물론, 장난감도 맨날 집어 던져서 봄이의 손에 닿으면 남아나는 물건이 없을 정도이다.

※ 여름이(초1, 여)는 아주 어릴 때부터 에너지가 넘치는 아이였

다. 기기 시작하면서부터는 잠시도 가만히 있지 않았고, 걷기 시작하면서부터는 바로 뛰어다녔다. 간혹 미끄럼틀에서 뛰어 내리거나 차가 다니는 길로 뛰어들어서 부모님을 깜짝 놀라게 하기도 했다. 질문이 많은 데다 조금도 쉬지 않고 말해서 엄마 는 가끔 여름이가 말을 좀 그만했으면 좋겠다고 생각한 적이 한두 번이 아니었다. 그러다 초등학교에 들어가서는 여름이가 자리에 가만히 앉아 있지를 못하고 수업 시간에 돌아다닌다고 담임 선생님에게 연락이 오기 시작했다. 어느 날은 쉬는 시간 에 여름이가 말없이 갑자기 밖으로 뛰어나가서 선생님과 친구 들이 잡으러 간 적도 있었다. 엄마는 여름이가 '정지 버튼이 없 는 아이' 같다고 이야기하며 한숨을 내쉬었다.

우리가 일상생활을 잘하려면 낮에는 깨어 있고 밤에는 잠을 자 야 한다. 그리고 깨어 있을 때와 쉴 때의 각성 수준을 조절할 수 있 어야 한다. 학교에서 수업 시간에는 차분하게 앉아 수업을 들을 수 있어야 하고, 자유 놀이 시간에는 활발하게 놀이를 할 수 있어야 한 다. 운동장에서 친구와 놀 때는 마음껏 뛰어다녀도 되지만, 교회나 성당, 도서관 등에서 다른 사람들이 모두 조용히 하고 있을 때는 가 만히 있어야 한다. 즉, 상황에 맞게 에너지와 각성의 수준을 조절하 는 일이 중요한 것이다.

봄이와 여름이를 통해 알 수 있듯이 수면과 각성, 에너지 수준 을 조절하는 신체 조절은 아이의 건강뿐만 아니라 가정생활, 학교생활, 그리고 또래와의 관계에 큰 영향을 준다. 아침에 일어나서 학교에 갈 준비를 하고, 학교에서 일과에 맞게 생활하고, 또 공부하고 친구들과 노는 모든 과정에서 에너지와 각성 수준을 조절하는 능력은 중요하다. 에너지와 각성 수준을 잘 조절하지 못하면 신나고 즐거우며 흥분되는 기분의 표출조차 자칫 다른 사람에게는 과하게 다가오거나 부담감과 거북함을 유발할 수도 있기 때문이다. 그래서 주변 사람들과 갈등이 생길 수도 있고 친구들과 잘 어울려 놀기가 어려워질 수도 있다.

말이나 행동의 충동을 참는, 억제 조절

※ 가을이(초1, 남)는 친구들과 단체 놀이를 할 때면 맨 앞줄에 서려고 하고, 순서를 끼어들 때가 많다. 우연히 지나가면서 실수로 부딪혔을 뿐인데 앞뒤 없이 욱하고 화를 내며 때리는 바람에 친구와 싸우기도 한다. 그래서 다른 친구들로부터 눈치가 없다는 이야기를 종종 듣는다.

※ 겨울이(초1, 남)는 머릿속에 생각이 불쑥불쑥 떠오르면 바로 말을 하게 된다고 했다. 수업 시간에 손도 들지 않고 "〈과학동아〉에서 그거 봤어요"라고 말해 분위기를 깨기도 하고, 엄마와 아빠의 대화에 아랑곳하지 않고 끼어들어서 자기가 하고 싶은 말

만 한다. 보드게임을 할 때도 순서를 지키지 못하고, 자기 차례가 아닌데도 게임을 하려고 하거나 친구들에게 이래라저래라 훈수를 두기도 한다.

억제 조절은 충동을 조절해서 적절한 타이밍에 자기 행동을 멈출 수 있는 능력이다. 즉, 말이나 행동이 충동적으로 튀어나오지 못하도록 참는 능력이다. 억제 조절을 잘하는 아이는 충동에 저항하고, 행동하기 전에 결과를 예측해서 고려하며, 자신을 항상 통제하고 조절한다. 반면에 억제 조절이 어려운 아이는 사소한 일에도 쉽게 욱하고, 단체 생활의 규칙을 지키기 어려워하며, 잘 참지 못해 친구들과 자주 싸우기도 한다. 아이가 무슨 일이든 일단 저지르고 보고, 몸과 머리가 따로 움직이는 것 같아, 큰 사건이라도 터질까 봐 안절부절못하는 부모도 있다.

억제 조절은 행동 조절의 핵심 능력이다. 억제 조절을 잘 못 하는 아이는 주변을 정리하거나 계획을 세우고 실천하는 것이 어렵다. 차분히 생각해서 계획에 따라 움직이기보다는 바로바로 그때마다 생각난 것을 하기 때문이다. 그리고 마음속에 분노와 짜증 같은 강렬한 감정이 일어나거나 선생님이나 친구가 한 말에 기분이 상했을 때, 참지 못하고 바로 소리를 지르거나 뛰쳐나가는 것과 같은 행동을 보일 수도 있다. 즉, 억제 조절이 어려운 아이는 강렬한 감정을 행동에 그대로 싣는 경향이 있다. 그래서 학업이나 학교생활, 또래 관계에서 어려움을 겪는 것이다.

억제 조절을 잘하고 못하는 것은 아이들이 타고나는 기질의 중요한 요소이다. 미국의 심리학자 메리 로스바트Mary Rothbart와 존 베이츠John Bates는 행동을 시작하기 전에 행동의 결과를 점검해서 상황에 맞는 행동으로 조정할 수 있는 능력을 노력을 통한 조절effortful control이라고 했으며, 이는 아이들이 타고난 기질 가운데 하나라고 덧붙였다.[6] 아이들은 생후 6개월경부터 간단한 억제 조절 능력이 생기기 시작하고, 12개월 이후부터 놀라운 속도로 발달한다. 억제 조절은 성장하면서 점차 발달하는 능력으로, 아동기와 청소년기에 일관되고 따뜻한 돌봄과 훈육, 그리고 사회적 규칙에 대한 교육을 받으면서 서서히 자라난다. 결국, 아이가 성인이 되었을 때 어느 정도의 억제 조절을 지니게 될지를 결정하는 데는 타고난 기질만큼 아이가 자라온 환경도 중요한 것이다.

욕구 만족을 지연하는 능력

※ 영훈이(초2, 남)는 방과 후에 스마트 레고 수업을 듣는다. 한번은 영훈이가 레고를 서둘러 조립하면서 중간 과정이 잘못되었는지 다 만들고 나서 스위치를 켰을 때 제대로 작동하지 않았다. 선생님에게 도움을 요청했지만, 선생님이 하는데도 잘 안 되어서 중간 과정부터 다시 조립하게 되었다. 1등으로 작품을 완성하고 싶어서 부랴부랴 조립했는데, 오히려 빠르게 하려다

가 실수해서 더 늦어진 것이다. 영훈이는 다시 레고를 조립하면서 친구들이 자기보다 먼저 완성한 레고가 잘 움직이는 모습을 보자 소리를 지르면서 울기 시작했다.

※ 민경이(초6, 여)는 최근 친구들 사이에서 유행하는 운동화를 갖고 싶어 엄마에게 사달라고 했다. 엄마는 올해 들어 벌써 운동화를 2켤레나 샀고, 또 당장 운동화가 필요한 상황도 아니기에 용돈을 모아서 사라고 했다. 민경이가 용돈을 모아서 사려면 너무 오래 걸린다고 투덜거리자, 엄마는 주말에 집안일을 도와주면 용돈을 조금씩 추가로 주겠다고 했다. 민경이는 그렇게 해도 2개월을 넘게 기다려야 운동화를 살 수 있는 데다가, 2개월 넘게 용돈을 다른 데 안 쓰고 아낄 수도 없다면서 짜증을 내고 소리를 질렀다.

욕구 만족을 지연하는 능력delay of gratification도 행동 조절의 중요한 요소이다. 나중의 더 큰 보상을 위해서 현재의 욕구 만족을 지연하는 능력은, 공부를 포함해서 아이가 인생의 장기적인 목표를 세우고 실행해가는 데 꼭 필요한 능력이다.

욕구 만족을 지연하는 능력에 관한 연구로 가장 유명한 것이 1960년대 후반 미국 스탠퍼드대학교의 심리학자 월터 미셸Walter Mischel이 지휘한 스탠퍼드 마시멜로 실험이다.[7] 실험에 참여한 3~6세 아이들은 곧바로 마시멜로 1개를 먹을 수도 있고, 선생님이 나갔다 오는 동안 15분 정도를 기다려서 마시멜로 2개를 먹을 수도 있었다. 실험에 참여한 약 100명의 아이 가운데 3분의 1이 15분을 참고 기다려서 2개의 마시멜로를 얻었다. 이때 욕구 만족을 지연하고 2개의 마시멜로를 얻었던 아이들은 어른이 되어 학업 성취도 더 좋았고, 인지적으로나 사회적으로 적응력이 좋은 사람이 되었다.[8] 물론 스탠퍼드 마시멜로 실험에 참여한 아이들의 수가 많지 않고, 대부분이 스탠퍼드대학교 직원들의 자녀라 보통의 아이들에게 적용할 수 없다고 생각하는 연구자들도 있지만, 이 실험이 욕구 만족을 지연하는 능력이 자기 조절에 중요하다는 사실을 보여줬다는 점은 간과할 수가 없다. 또 이후의 많은 연구에서도 어린 시절에 욕구 만족을 지연할 수 있었던 아이들은 청소년기나 성인기에 억제 조절을 포함한 자기 조절이 더 뛰어나다는 결과를 보였다.[9]

장기적인 목표 가운데 우선순위를 정하고, 목표와 계획을 상기하면서 해야 할 일을 챙기고, 해야 할 일을 챙긴 후에 즉각 보상이 뚜렷하지 않아도 지연 보상에 만족하는 능력은 자기 조절에서 매우 중요하다. 아동기에 이런 능력을 발전시키는 것이 어른이 되어 자기 조절을 획득하는 데 필수적이다. 욕구 만족을 지연하는 능력은 목표를 달성하는 것뿐만 아니라, 장기적인 인생의 성공과 행복을 위해서도 중요하다.

에너지와 각성 수준의 조절, 억제 조절, 욕구 만족을 지연하는 능력은 모두 행동 조절과 밀접하게 관련되며, 아이의 행동뿐만 아니라 일상생활의 다양한 측면에 골고루 영향을 끼친다. 부모는 아이가 감정 조절, 인지 조절과 함께 행동 조절을 키워갈 수 있도록 아주 어릴 때부터 도와줘야 한다.

인지 조절

아이들은 성장하며 생각이 자라면서 생각을 조절하는 능력도 자라난다. 아이들이 스스로 생각을 조절하는 힘을 인지 조절이라고 부른다. 인지 조절에는 주의를 흐트러뜨리는 자극을 걸러내어 현재 과제에 집중하는 능력, 정보를 유지하고 다뤄 과제의 우선순위를 정하여 목표를 달성하기 위해 성실하게 노력하는 능력, 목표 달성이 어려운 경우에 목표를 수정하고 그에 따라 실행 계획을 수정하는 능력이 모두 포함된다. 또 미리 걱정한다거나, 부정적으로 생각하는 경향이 있다거나, 한 가지에 몰두하면 다른 것들을 놓친다거나 등과 같이 자신이 생각하는 방식을 돌아보고 조절하는 능력과 불안이나 강박과 같이 원하지 않는 생각이 계속 떠오르는 것을 억제하는 능력도 인지 조절이다.

인지 조절이 어려운 아이들의 특징

• 숙제나 공부를 시작하기가 어렵다.

• 방이나 사물함이 너무 지저분해서 물건을 찾기가 어렵다.

• "잠깐만요", "조금 있다가 할게요" 하고 미루는 경우가 많다.

• 자기가 뭘 하고 있었는지 잘 잊어버린다.

• 하던 일을 끝마치지 못한다.

• 무엇인가를 할 때 필요한 시간을 너무 적게 예상해서 시간에 쫓긴다.

• 방금 들은 이야기도 잘 잊어버린다.

• 체계적으로 계획을 잘 세워서 실천하는 것이 어렵다.

• 사소한 것에 빠져 큰 그림을 보지 못한다.

• 자기주장에 집중하느라 타인의 의견을 잘 듣지 못한다.

• 실수로부터 배우지 못하고 같은 실수를 반복한다.

• 한 가지 생각에 빠지면 멈추기가 어렵다.

목표를 위해 문제를 해결하는 힘, 실행 기능

실행 기능executive function은 우리 뇌의 복잡한 사고 처리 과정을 조율하는 고차원적이고 포괄적인 능력이다. 실행 기능은 계획을 세워 과제를 시작하고, 과제 수행에 필요한 정보를 유지하며, 과제 수행을 관찰하면서 수정해가는 능력이다. 목표 지향적 행동을 조절하고 문제를 해결해가는 과정은 모두 실행 기능이 담당한다.

실행 기능은 아이가 일상생활을 유지하는 데 결정적인 역할을 한다. 예를 들어, 잠자기 전에 해야 할 일들, 옷을 갈아입고 양치하고 세수하는 등 일련의 일을 하거나, 학교에 다녀와서 숙제를 다 하고 학원 가방을 챙겨 시간 맞춰서 나가는 것과 같이, 내가 해야 할 일들의 순서를 알고 계획하고 생각해서 행동으로 옮기는 것이 모두 실행 기능의 영향을 받기 때문이다. 또 실행 기능은 학습에서 강점과 약점을 파악하고, 계획을 세우고, 계획에 따라서 실제로 공부를 하는 것처럼, 특히 자기 주도적 학습에서 결정적인 역할을 하고 성적에도 큰 영향을 준다.

❋ 민규(초5, 남)는 어려서부터 공부가 힘들었던 아이다. 학교나 학원 수업 시간에는 딴생각하느라 수업 내용을 놓치는 경우가 많았고, 혼자서 공부를 할 때는 멍하게 있는 경우가 종종 있었다. 스마트폰 게임을 하거나 영상을 보느라 공부를 시작하기가 어려웠으며, 해야 할 일을 빠뜨리기도 했다. 공부할 때도 무엇이 더 중요하고 급한지 생각하지 못해 당장 눈에 보이는 것에 매달리느라 막상 숙제를 제날짜에 맞춰서 내지 못했고, 시험 공부도 효율적으로 하지 못했다. 그러다 보니 책상에 앉아 있는 시간에 비해서 성적이 잘 나오지 않았고, 부모님이나 선생님에게 지적을 많이 받게 되었다. 학습과 관련된 좌절이 반복되면서 민규는 학습에 대한 흥미와 동기, 성취 욕구 전반이 점점 저하되었다. "내가 제일 못하는 것은 공부", "아침에 학교

갈 때 싫다. 학교가 사라져버렸으면 좋겠다", "이다음에 크면 아무것도 안 되고 싶다. 왜냐하면 회사에 가기 싫어서"와 같은 말을 하기도 했다.

민규와 같은 아이들은 주의를 기울이고 주변 환경에 맞춰 문제를 해결하며 지식을 쌓아가면서 조절하는 능력, 즉 실행 기능이 부족하다. 인지 조절에는 목표를 달성하기 위해 꾸준히 성실하게 노력하는 능력, 주의를 흐트러뜨리는 자극을 걸러내고 집중해야 할 일에 집중하는 능력이 모두 필요하다. 실행 기능이 뛰어난 아이들은 민규와는 달리 할 일이 많아도 체계적으로 계획을 잘 세워서 실천하고 끊임없이 노력하여 미리 정해놓은 목표를 달성해간다. 누가 무엇을 하라고 굳이 이야기하지 않아도 스스로 해야 할 일을 잘 챙기며, 해야 할 일을 미리 알아서 하고, 해야 할 일을 한 다음에는 잘못된 부분이 없는지 확인한다.

실행 기능을 담당하는 전두엽은 청소년기에 접어들어 성숙이 시작되며 초기 성인기가 되어서야 발달이 완성된다. 실행 기능 역시 일정 부분은 타고나지만, 아이들의 뇌는 계속 자라고 있고 유연하기에 시간이 지나면서 실행 기능도 점차 강화된다. 아이들이 학교에서 잘 지낼지를 예측하는 데는 지능보다 실행 기능이 더 중요하다. 실행 기능이 부족한 아이들은 일상생활을 비롯한 학업 및 학교생활에서 각종 어려움을 겪는다. 이러한 아이들은 공부할 때 집중력이 부족하고, 학업에 필요한 지식과 기술을 습득하는 것이 더

디며, 문제 해결 능력이 낮아 성적이 나쁘고, 교사 및 또래와의 관계 역시 좋지 못하다.[10]

인지에 대한 인지, 메타인지

메타인지metacognition는 인지에 대한 인지, 생각에 대한 생각이다. 다양한 상황에서 적응적이고 융통성 있는 방법으로 자기의 감정, 행동, 생각을 다루는 실제적인 능력을 말한다. 메타인지에 대한 여러 가지 이론을 종합하여 2017년 발달 심리학자 클라우디아 로버스Claudia Roebers는 메타인지에는 크게 다음과 같이 3가지 요소가 포함된다고 이야기했다.[11]

▶ 메타인지 지식(metacognitive knowledge)
▶ 과정에 대한 메타인지(procedural metacognition)
▶ 메타인지 조절(metacognitive control)

메타인지 지식은 자신의 인지 기능이나 생각하는 방식에 대해 이해하는 능력이다. "나는 수학 문제를 풀 때 처음에 딱 보고 어려워 보이면 깊이 생각을 안 하고 회피하는 경향이 있어", "요즘 나는 다른 사람의 시선을 자꾸 의식해. 자신감이 없어졌나 봐"처럼 자신의 생각 패턴을 돌아보는 것이 메타인지 지식이다.

과정에 대한 메타인지는 자신의 행동이 다른 사람에게 미치는 영향에 대해 계속 주의해서 관찰하는 능력이다. "나는 농담을 한 건데, 서빈이의 표정이 변하는 것을 보니까 상처받았나 보다", "내가 계속 발표를 하겠다고 손을 드니까 다른 친구들이 다 손을 내리는구나. 내가 너무 동작이 컸나 보다"와 같이 자신의 말이나 행동이 다른 사람에게 미치는 영향을 돌아보는 것이 과정에 대한 메타인지이다. 또 목표를 이루기 위해 자신이 하고 있는 활동을 스스로 모니터하는 능력이기도 하다.

메타인지 조절은 자신의 인지 활동을 조절하는 능력이다. "발표해야 하는데 친구들의 시선을 너무 신경 쓰니까 더 불안해지는구나. 천천히 심호흡하고 준비한 내용만 생각해야지. 열심히 했으니까 잘할 수 있을 거야"와 같이 자기 생각을 조절함으로써 감정과 행동을 조절하려는 노력이 메타인지 조절이다.

이처럼 메타인지는 스스로 감정, 행동, 생각 자체를 돌아보고 조절할 수 있도록 하기에 자기 조절에서 가장 중요한 요소 가운데 하나이다.

※ 정우(고1, 남)는 기말고사를 준비하면서 우선 수행 평가와 중간고사 성적을 정리해 과목별로 1등급을 받는 데 필요한 점수를 파악했다. 수학은 원래 잘하는 과목인 데다 중간고사와 수행 평가에서 모두 만점을 받은 상황이라 기말고사에서는 다른 과목보다 공부를 덜 해도 될 것 같았다. 생물은 중간고사 성적이 좋

지 않았지만, 워낙 시험이 어렵고 전체 평균이 낮아서 등수가 나쁘지 않은 데다 전교에서 수행 평가 만점을 받은 사람도 정우 하나뿐이라 수학보다는 열심히 해야겠지만 걱정이 많이 되지는 않았다. 영어는 중간고사와 수행 평가 성적을 합했을 때 기말고사에서 만점을 받아도 1등급까지는 힘들고, 2등급을 받기에는 성적이 충분하다고 생각이 되었다. 물리는 공부하는 데 시간이 오래 걸리는 과목이지만 노력을 하면 성적이 잘 나오는 편인데, 중간고사 성적이 그다지 좋지 않아 우선 물리부터 공부를 시작해서 충분히 공부할 시간을 확보하기로 했다.

정우처럼 내가 무엇이 부족한지, 무엇을 잘하는지를 스스로 파악하고 계획을 세우는 데 메타인지는 결정적인 역할을 한다. 메타인지가 높을수록 자신의 능력과 한계를 정확히 파악해서 집중할 것을 선택하고, 그만큼 시간과 노력을 적절하게 투자해서 목표를 성취하는 데 유리하다.

메타인지가 부족한 아이들은 사소한 것에 빠져 큰 그림을 보지 못한다. 자신의 문제가 무엇인지를 몰라 문제의식이 없어 보인다. 자기주장에 집중하느라 다른 사람의 의견을 잘 듣지 못하며, 실수로부터 배우지 못하고 같은 실수를 반복한다. 반면에 메타인지를 잘 사용하는 아이들은 자기 생각을 잘 인지하고, 자신의 장점과 개선이 필요한 부분을 잘 알아차린다. 자신이 실수한 내용과 실수한 이유도 잘 파악하고, 똑같은 문제를 다르게 해결할 방법이 있는지

고민하며, 선택 가능한 다른 전략들을 빠르게 살피기 때문에 학업에도 유리하다.

※ 주승이(초6, 남)는 눈치가 없는 편으로, 수업 시간에 말이 많고 목소리가 크다. 선생님이 수업하면서 어떤 이야기를 하면 큰 소리로 자기가 아는 것을 잘난 체하며 말해서 수업을 방해하곤 한다. 그때마다 선생님이 그만하라고 제지하고, 친구들이 조용히 하라고 하기도 한다. 그러면 주승이는 자신이 수업 시간에 선생님보다 더 많이 말해서 방해한 것은 생각하지 못하고, 선생님과 친구들이 자기만 미워한다고 서운해한다. 평소 친구들이 자기들끼리 이야기하다가 웃었을 뿐인데도 주승이는 "왜 나를 비웃어?", "왜 내 얘기를 해?" 하면서 화를 내기도 한다. 사실 친구들은 주승이가 평소에 밝고 재미있어서 수업 시간에 방해만 안 하면 괜찮다고 생각하는데, 오히려 주승이가 화를 내는 바람에 친구들과 멀어지기도 한다.

메타인지가 부족한 아이들은 주승이처럼 자신의 행동이 다른 사람에게 미치는 영향을 잘 인지하지 못하고, 다른 사람들이 자신을 어떻게 바라보는지도 정확히 파악하지 못한다. 자기가 좋아하는 역사 이야기를 수업 시간에 끼어들어서 말하면 다른 친구들에게 방해가 되지만, 역사를 좋아하는 친구들 앞에서는 해도 괜찮은 것처럼 상황에 따른 행동 조절을 어려워한다. 반면에 메타인지가 좋은 아이들은 상황의 전체적인 맥락을 잘 읽어내고, 자신의 행동이나 생각을 다른 사람들이 어떻게 파악하는지를 감지하기 때문에 사회적 상황에서도 훨씬 눈치 있게 행동할 가능성이 크다.

이처럼 메타인지는 아이가 자신의 학업 성취와 함께 사회적 관계를 스스로 꾸려갈 수 있다는 자신감을 고취한다. 그래서 자기 조절의 감정적이고 사회적인 측면들이 인지 발달과 더불어서 자라나고, 아이가 인생 전반에 걸쳐 다른 사람들과 관계를 잘 맺으면서 성장할 수 있도록 한다.

걱정과 강박을 조절하는 능력

※ 세민이(초1, 여)는 초등학교에 입학하고 나서부터 학교에 가지 않겠다며 떼를 쓰기도 하고, 학교에서 친구들이 선생님에게 혼나는 소리가 무섭다며 울기도 했다. 일요일 밤에는 내일 학교에 꼭 가야 하냐고 반복적으로 물었다. 어려서부터 세민이는 발달이 빨랐고, 공부도 잘하는 똑똑한 아이였지만, 낯선 상황에 처음 들어가거나 복잡한 상황에서는 마음속 긴장감이 높아졌다. 학교 갈 시간이 다가오면 "선생님이 나를 싫어하면 어떡해?", "떨려서 발표를 잘 못 하면 어떡해?", "친구들이 나를 바보 같다고 생각하면 어떡해?"와 같은 질문을 반복하면서 안절부절못했다.

※ 정환이(중3, 남)는 초등학교 저학년 때부터 뭔가 물건을 빠뜨린 것 같은 생각이 침투적으로 떠올라 다시 돌아가서 잘 챙겼는지 확인하는 행동을 자주 했다. 그러다가 6학년 때부터는 완벽하게 이를 닦지 않으면 불편한 느낌이 들어 괴로움을 없애기 위해 이를 닦게 되었는데, 이 닦는 시간이 서서히 증가해 현재는 한 번에 1시간씩 이를 닦고 있다. COVID-19가 유행할 무렵에는 손을 깨끗하게 씻지 않으면 큰 병에 걸릴 것 같은 생각이 들어서 손을 지나치게 자주 씻었다. 정환이는 이런 강박 행동을 하느라 학교에 지각을 하기도 하고, 공부하는 시간까지 현저히 줄어들었다. 스스로 자신의 행동이 비합리적이라는 것을 알고 있지만, 자신도 어쩔 수 없이 이런 행동을 하게 된다고 했다.

다른 사람들이 나를 싫어할 것 같다는 우려, 발표를 잘 못 하면 친구들이 나를 바보라고 여길 것 같다는 걱정, 이를 닦고 또 닦고 나서도 완벽하게 닦지 않은 것 같다는 강박은 모두 머릿속에 계속 반복적으로 떠오르는 생각이다. 그런데 이러한 우려, 걱정, 강박은 끊임없이 우리의 불안을 자극하여, 그에 따라 마음속 불안이 점점 커지면서, 세민이나 정환이처럼 불안이라는 감정에 압도될 수 있다. 그리고 이런 불안으로 인해 세민이처럼 엄마에게 자신을 불안하게 만드는 생각을 반복적으로 말하거나, 정환이처럼 물건을 놓고 온 것은 아닌지 다시 가서 확인하고, 이를 심하게 오래 닦거나 손을 지나치게 자주 씻는 등의 행동이 나타날 수도 있다. 조절하기 힘든 걱정과 강박 때문에 감정과 행동까지 조절하기가 어려워지는 것이다.

예민하고 불안한 아이들 가운데는, 세민이나 정환이처럼 걱정이나 강박 생각으로 힘들어하는 아이들이 많다. 오염에 대한 두려움, 자신이나 가까운 사람이 아프거나 다치지 않을까 하는 두려움, 끔찍한 재앙이 일어날 것 같은 걱정, 집 안의 물건이 안전한지에 관한 걱정, 대칭이나 균형 또는 정확성에 대한 확인과 같은 것들이 아이들이 가장 흔히 경험하는 강박 생각이다. 이외에도 완벽주의, 좋은 결과를 내야 한다는 압박, 사람들이 나를 싫어하지 않을까 하는 염려와 같은 생각들이 아이들의 마음속에 반복적으로 떠올라서 아이들을 압박하고, 학업과 또래 관계 등 일상생활에 영향을 준다.

이처럼 원하지 않는 생각이 반복적으로 떠오를 때, 이런 생각을 멈추는 것은 생각을 조절하는 뇌인 전전두엽이 하는 일이다. 아이들이 청소년기를 지나며 생각의 멈춤을 담당하는 전전두엽이 자라면 두려움, 걱정, 강박을 조절하는 힘이 생기기 시작한다. 또 아이들은 자라면서 '아니야. 준비를 많이 했으니까 발표를 잘할 수 있을 거야', '내가 특별히 잘못한 것도 없는데 친구들이 왜 나를 싫어하겠어', '손을 3분 정도 씻었으면 충분한 거야. 이제 확인은 그만하자'와 같이 생각을 멈추고 반박하는 자신만의 인지적 전략을 찾아간다. 그러면서 생각을 조절하는 능력이 자라는 것이다.

인지 조절은 감정과 행동을 조절하고 문제를 효과적으로 해결하는 데 결정적인 역할을 하며, 학습과 성취 및 사회적 관계에 큰 영향을 준다. 우리 사회가 점점 복잡해지고 더 많은 것을 아이들에게 요구하게 되면서 실행 기능, 메타인지, 생각을 멈출 수 있는 능력과 같은 인지 조절의 발달이 더 중요해지는 듯하다.

ADHD란 무엇인가

주의력결핍과잉행동장애Attention-Deficit Hyperactivity Disorder, ADHD는 아동기에 많이 나타나는 장애로, 주로 주의력 결핍, 과잉 행동, 충동성 등의 증상을 보인다.

❋ 시안이(초1, 여) 엄마는 학교 참관 수업에 갔다. 참관 수업 내내 시안이가 계속 "저요, 저요" 하며 손을 들고 발표하려고 해서 담임 선생님이 곤란해했다. 또 선생님이 수업을 진행하는 동안에 시안이는 계속 옆 친구에게 말을 걸고, 앞 친구에게 종이비행기를 날려 수업에 방해가 되기도 했다. 엄마는 다른 엄마들이 시안이를 보며 "아이가 참 밝네요"라고 말하는 것이 산만함을 에둘러 표현하는 듯해 불편하게 느껴졌다.

진료실에서 시안이를 만나보니, 주의 집중을 잘하지 못해 주의가 쉽게 흐트러지고, 부주의한 실수를 많이 하며, 해야 할 일들을 챙기지 못하는 등의 주의력 결핍 증상과 다른 사람의 이야기를 끝까지 듣지 못하고 중간에 상관없는 이야기나 자기가 하고 싶은 이야기를 하는 충동성, 자리에 가만히 앉아 있지 못하는 과잉 행동 증상을 다 가지고 있었다.

ADHD가 있는 아이들은 에너지와 활동 수준의 조절, 말이나 행동을 하기 전에 한 번 멈추고 생각하는 능력인 억제 조절, 욕구 만족을 지연하는 능력과 같은 행동 조절, 실행 기능이나 메타인지와 같은 인지 조절이 부족하다. 가끔 충동성이나 감정 조절에 어려움을 보이는 아이들도 있다.

ADHD 증상

주의력 결핍 증상	충동성 및 과잉 행동 증상
• 꼼꼼하지 못하고 부주의한 실수가 잦다.	• 손발을 꼼지락거리고 안절부절못한다.
• 주의 집중을 하지 못한다.	• 자리에 가만히 앉아 있지 못한다.
• 남의 이야기를 귀담아듣지 않는다.	• 심하게 뛰어다니거나 높은 곳에 올라간다.
• 지시대로 잘 따라 하지 못한다.	• 조용히 놀지 못한다.
• 주어진 과제를 끝마치지 못한다.	• 발에 바퀴가 달린 것처럼 계속 움직인다.
• 학습과 놀이 중에 주의력이 쉽게 분산된다.	• 지나치게 말이 많다.
• 물건을 자주 잃어버린다.	• 질문이 끝나기도 전에 성급하게 대답한다.
• 해야 할 일이나 약속 등을 잘 잊어버린다.	• 순서 지키기를 힘들어한다.
• 정신적 노력이 드는 일을 귀찮아한다.	• 다른 사람의 활동을 방해하고 간섭한다.

그래서 이러한 문제로 인해 학습이 힘들어지고, 친구들과의 관계에서도 어려움을 겪는 경우가 많다. 가정과 학교에서 지적을 자주 받다 보니 자존감이 떨어지고 우울이나 불안, 반항심이 생기기도 한다. 그래서 주의력 결핍, 과잉 행동, 충동성 등의 증상이 아이의 일상생활에 영향을 주는 정도라면 가능한 한 빨리 치료를 시작하는 것이 좋다.

관계에서의 조절

사람은 기본적으로 나 아닌 다른 사람들과 관계를 맺고 싶어 하는 사회적 존재이다. 태어난 지 얼마 안 되는 아기일 때부터 생존을 위해서 돌보는 사람에게 의지하며 사랑받고 싶어 한다. 사회적 관계 속에서 조절되고 있다는 것은, 다른 사람들이 어떻게 느끼는지를 이해하고, 자신의 행동이 다른 사람들에게 어떤 영향을 미치는지를 알아, 여기에 맞춰 자신의 행동을 조절한다는 것이다.

※ 승민이(5세, 남)는 유치원에서 친구들의 놀이를 방해하고, 실내화를 던지고, 가방을 들고 도망가는 등 심한 장난으로 인해 친구들과 잘 어울리지 못했다. 머리가 좋아 공부는 잘하는 편이었지만, 타인의 기분과 입장을 살피는 데 서툴고, 익숙지 않

은 사람들 사이나 경험해보지 못한 낯선 환경에서는 쉬이 위축되고 경직되어 말도 잘하지 못했다. 진료실에서 승민이는 나무 그림을 그리더니 "나무는 친구가 없어서 불쌍해요"라고 말했다. 유치원 그림을 그려보라고 했더니 놀이터에서 혼자 노는 자신의 모습을 그리고 나선 "유치원 친구들은 없어요. 유치원 선생님도 저를 별로 안 좋아해요"라는 말을 하기도 했다.

요즘 승민이처럼 친구를 사귀고 싶어 하고 친구들과 어울리고 싶어 하는데도 어떻게 해야 관계를 잘 유지할 수 있는지 모르는 아이들이 많다. 아이가 주변의 친구들과 관계를 잘 유지하기 위해서는 여러 가지 능력이 필요하다. 다른 사람의 마음을 이해하는 능력, 갈등을 해결하고 풀어가는 능력, 하지 말라고 할 때 멈추는 능력, 경쟁을 견디고 단체 생활의 규칙을 따르는 능력, 자기 의견과 생각을 표현하고 자기 자신을 지키는 능력 등이 관계에서의 조절에서 중요한 능력이다.

다른 사람의 마음을 이해하는 능력

※ 준서(초3, 남)는 학교나 놀이터에서 친구들과 잘 어울리지 못하는 아이다. 준서는 도마뱀을 좋아하는데, 도마뱀에 관해서 이야기하면 친구들이 자기 얘기를 들어주지 않고 무시하는 것 같

다고 느낀다. 그런데 엄마가 보기엔 친구들은 도마뱀에 관심이 없는데 준서 혼자서만 신나서 도마뱀 이야기를 계속하려고 하고, 친구들의 반응을 살피지 않으니까 친구들이 점점 준서의 이야기를 지겨워하는 듯했다. 또 준서가 친구들의 예의 없는 행동, 나대는 행동을 그냥 넘기지 못하고 지적하니까 아이들이 점점 더 준서를 멀리하는 것처럼 보였다. 담임 선생님도 준서가 스스로 아는 것이 많고 논리적이라고 생각하여 수업 시간에 친구들이 말할 때 자기가 알고 있는 것과 다른 것은 꼭 지적해서 친구들의 미움을 받는 것 같다고 했다.

✻ 지민이(초1, 여)는 눈치가 없는 아이다. "너 오늘 입고 온 옷이 그게 뭐야?"처럼 친구의 기분이 나쁠 수 있는 말을 생각 없이 하고, 친구와 한 장난감을 동시에 집어도 항상 자기가 먼저 가지고 놀아야 한다고 우긴다. 놀이 규칙이 자기가 알고 있는 방식과 다르면 받아들이지 못하고 자기 방식만 고집한다. 한번은 체육 시간에 다 같이 공 주고받기를 하는데, 공이 어디로 갈지 아무도 모르는 놀이인데도 불구하고 자기에게만 공이 오지 않는다며 반 친구들이 자기를 따돌린다고 소리를 지르며 울었다. 또 친구가 복도에서 지나가다가 실수로 툭 쳤는데, 일부러 때렸다고 생각해 똑같이 때리는 일도 있었다.

주변 사람들과 잘 지내려면 나와 상대방의 입장이 같지 않을 수 있다는 것을 이해하고, 나와 상대방의 감정, 의견, 생각을 살펴서 행동하는 능력이 필요하다. 그런데 준서는 자기가 좋아하는 것을 친구들이 좋아하지 않을 수도 있다는 사실을 인식하지 못한 채 자신의 관심사만 이야기하곤 했다. 또 친구들이 불편해하거나 싫어하는 것을 잘 알아차리지 못해 친구들이 싫어하는 행동을 계속했다. 지민이는 친구들이 싫어할 만한 말을 하고 순서를 지키거나 양보를 하지 못했다.

사람 대 사람으로 관계를 맺을 때, 특히 또래와 관계를 맺을 때는 관계라는 것이 주고받는, 즉 상호 교환적이라는 사실을 이해하는 것이 중요하다. 내가 나의 관심사와 감정을 말하고 싶은 것처럼 친구도 자기 이야기를 들어주는 사람을 좋아한다는 사실을 이해해야 한다. 그리고 상대방의 나이에 따라서 해도 되는 행동과 해서는 안 되는 행동이 있다는 사실도 알 필요가 있다. 친구가 예의 없거나 나대는 행동을 하더라도 친구의 잘못을 지적하고 가르치는 것은 친구의 부모님이나 선생님이 해야 할 어른의 일이지, 또래가 할 일이 아니다. 친구가 나에게 장난치거나 나를 괴롭혀서 피해를 줬다면 하지 말라고 당당하게 자기 의사를 표현해야겠지만, 그래도 그 친구를 교육하는 것 역시 어른의 일이다.

공격적인 아이들이나 사회성이 부족한 아이들은 지민이처럼 우연히 공이 안 오는 상황을 일부러 따돌린다며 오해하기도 하고, 친구가 실수로 쳤는데도 일부러 친 것으로 여겨 화를 내기도 한다. 다른 사람의 말이나 행동, 사건과 상황의 맥락을 종합적으로 판단해서 행동하지 못하고, 일부 단서에 기초해 판단하면서 다른 사람을 오해하거나 자신을 무시한다고 생각하는 것이다.[12] 그래서 다른 사람의 마음속에서 일어나는 일들, 즉 상대방의 생각과 감정, 의견과 처지를 이해하는 것은 사회적 관계를 맺는 데 있어 무엇보다도 중요한 능력이다.

우리는 대부분 다른 사람의 표정이나 몸짓, 말투를 보고 다른 사람의 감정을 알아차릴 수 있다. 그리고 다른 사람의 감정에 공감하면서 그 사람의 의도와 행동을 예측할 수도 있다. 그렇지만 다른 사람의 표정, 몸짓, 말투에서 감정을 알아차리는 정도는 사람마다 다르다. 엄마의 화난 표정을 알아차리지 못하고 계속 장난을 치다가 혼나는 아이도 있고, 선생님이 친구를 야단치는 목소리에 놀라서 아무 잘못도 하지 않았는데 마치 자신이 혼나는 것처럼 얼어붙는 아이도 있다. 친구들의 표정이나 말투에 영향을 많이 받아 지나치게 맞추려고 노력하는 아이도 있고, 표정에서 다른 사람의 감정을 읽지 못하고 몸짓이나 목소리 톤을 통해서도 상황을 파악하지 못하는 아이도 있다. 이런 아이들에게는 다른 사람의 마음을 이해하는 방법을 아주 어릴 때부터 차근차근 가르쳐줄 필요가 있다.

하지 말라고 할 때 멈추는 능력

※ 지성이(초2, 남)는 학교에서 친구들이 하지 말라고 하는 것을

계속하는 행동으로 인해 친구들과 사사건건 부딪치는 아이였다. 방과 후에 키즈 요가를 하는데, 처음에는 수업을 잘 따라가다가 뭐가 마음에 안 들었는지 요가 매트를 돌리기 시작했다. 옆에 있는 여자아이가 매트를 돌리니까 걸린다고 하지 말라고 했는데, 지성이는 신경 쓰지 않고 계속 매트를 돌렸다. 여자아이가 한 번 더 하지 말라고 하니까 "내 맘이야!" 하고 소리를 질렀다. 엄마는 지성이가 친구들이 하지 말라는 행동을 왜 계속하는지 걱정이다.

또래와 잘 지내기 위해서는 친구들의 마음을 이해하고 친구들이 싫어하는 행동을 하지 말아야 한다. 특히 친구들이 하지 말라고 하는 행동을 멈추는 것이 중요하다. 지성이처럼 친구들이 싫어하는 행동을 하고, 하지 말라고 하는데도 계속하고, 말로만 안 한다고 하고선 계속하면, 친구들에게 점차 어울리고 싶지 않은 아이가 된다. 이처럼 친구들과 좋은 관계를 유지하는데도 자기 조절이 중요한 것이다.

경쟁을 견디는 능력

※ 승준이(중2, 남)는 친구들과도 잘 지내고 학교생활도 잘하는 모범생이다. 그런데 경쟁심이 강해 1학기 중간고사를 보고 나서

같은 학원에 다니는 친구보다 성적이 나쁘게 나오자 시험지를 구겨서 던져버렸다. 지성이는 평소에도 시험을 보고 나면 친구들이 몇 문제를 틀렸는지 물어보고, 자기보다 시험을 잘 본 아이가 누구인지 확인하고 다녀서 친구들이 부담스러워했다. 또 친구나 부모님과 보드게임을 할 때도 꼭 이겨야만 하고, 지면 성질을 내서 온전히 재미있게 놀지를 못한다.

우리는 살면서 마주치는 많은 일을 모두 다 잘하기가 어렵다. 공부는 잘하는데 음치인 아이가 있는가 하면, 반대로 공부는 못해도 노래는 잘 부르는 아이가 있다. 수학은 못하지만 국어는 잘하는 아이도 있고, 달리기는 못하지만 농구는 잘하는 아이도 있다. 아이마다 잘하는 것이 따로 있는 것이다. 그래서 아무리 똑똑하고 공부를 열심히 하는 아이라고 해도 모든 과목에서 1등을 하기는 힘들다. 부루마불이나 할리갈리 같은 보드게임을 할 때는 실력이나 노력보다는 운이 게임의 결과를 결정하기 때문에 누구라도 꼴찌가 될 수 있다. 그래서 우리가 세상을 잘 살아가려면 언제든지 다른 사람과의 관계에서 비교당할 수도 있고 경쟁에서 질 수도 있다는 사실을 받아들여야 한다.

이렇게 경쟁을 견디는 능력은 아이와 부모의 정신 건강을 위해서뿐만 아니라, 또래와의 관계를 잘 유지하기 위해서도 매우 중요하다. 승준이처럼 시험을 볼 때마다 친구들의 성적을 물어보면서 자신의 위치를 확인하려고 하거나, 자신이 잘하지 못했을 때 친구들 앞에서 화를 내거나 속상해하면 친구들과 잘 지낼 수 없다. 친구들과 함께하는 운동에서 원하는 만큼의 결과가 나오지 않거나 혹은 게임을 하다가 져서 속상한 자신의 감정을 조절하지 못하고 터트리면 주변 친구들의 감정을 다치게 할 수 있어서이다. 그래서 다른 사람의 기분과 감정을 배려하는 능력에 더해서 자신의 감정을 조절하는 능력이 경쟁 사회에서는 더욱 필요하다.

규칙과 차례를 지키는 능력

✳ 주혁이(초1, 남)의 부모는 학부모 상담 시간에 담임 선생님으로부터 아이가 규칙을 잘 지키지 못하고 눈치가 없다는 이야기를 들었다. 주혁이는 수업 시간에는 조용히 해야 하는데 계속 손을 들고 상관없는 이야기를 하고, 하고 싶은 일이 있으면 차례를 당당하게 어기고 무조건 자기가 먼저 해야 하며, 꼭 해야 하는 일도 자기 기분이 내키지 않으면 하지 않으려고 한다는 것이다. 친구들과 '무궁화 꽃이 피었습니다'처럼 단체 게임을 할 때도 자꾸 자기에게 유리한 쪽으로 게임의 규칙을 바꾼다고 했다. 또 체육 시간에는 친구들과 축구를 하다가 급하다고 반칙을 하는 바람에 상대 팀 아이들과 싸움이 벌어지기도 하고, 심판인 선생님에게도 억울하다고 대들다가 오히려 혼이 났다고 했다.

규칙은 여러 사람이 다 같이 지키기로 한 약속이다. 아이가 자라면서 또래 친구와 어울리고, 또 어린이집이나 유치원에서 단체 생활을 경험하기 시작하면, 제일 먼저 규칙과 차례를 지키는 것을 배운다. 놀이터에서 미끄럼틀을 탈 때도, 어린이집에서 급식을 먹을 때도 차례를 지켜야 한다. 기관에 가면 일정에 맞춰 정해진 프로그램을 해야지, 좋아하는 블록 놀이만 할 수는 없다. 초등학교에 입학하면 규칙은 더욱 많아진다. 수업 시간에는 책상에 앉아서 교과서를 펼쳐야 하고, 질문하기 전에는 손을 들고 선생님이 말해도 좋다고 할 때까지 기다려야 한다. 급식실에서 차례를 지키지 못하고 새치기를 하거나, 수업 시간에 상관없는 이야기를 꺼내 선생님을 방해하거나, 친구들이 놀고 있는데 양해를 구하지 않고 끼어드는 것과 같이 다른 사람들에게 피해를 줄 만한 행동은 조심해야 한다.

그래서 아이가 아주 어릴 때부터 규칙과 차례를 지키는 것이 중요하다는 사실을 가르쳐야 한다. 유치원이나 학교처럼 다른 사람과 함께 생활하는 공간에서는 정해진 규칙을 따라야 하며, 다른 사람과 함께 무엇인가를 할 때는 차례를 지켜서 해야 한다. 학교에는 교칙이 있고, 각 학급에는 담임 선생님이 정한 규칙과 학급운영원칙이 있다. 보드게임이나 축구, 태권도 같은 스포츠에도 정해진 규칙이 있다. 어려서부터 자신이 속한 사회와 집단의 규칙을 지켜야 한다는 사실을 가르치지 않으면, 나이가 들어서 이런 태도를 가르치는 일은 더욱 어렵다. 그래서 아주 어릴 때부터 부모가 아이에게 자신이 속한 집단의 규칙을 존중하고 지키도록 가르치는 일이 필요한 것이다. 집단의 규칙을 따르고, 차례를 지키며, 다른 사람에게 피해를 주지 않는 것은 또래와 좋은 관계를 유지하는 데 있어 기본 중의 기본이다.

갈등을 마주하고 풀어가는 능력

※ 자윤이(초1, 여)는 불편한 상황이 생겼을 때 화를 내고 힘들어 하는 아이다. 특히 학교 친구들과의 관계에서 갈등이 생기거나 뜻대로 안 되면 짜증을 낸다. 최근에는 친구가 학교에 금색 색 종이를 가져왔는데, 그걸 못 받아서 큰 소리로 엉엉 울었다. 이 때 친구들이 아기도 아닌데 운다고 하니까 친구를 밀치기도 하고 책상을 치기도 했다. 한번은 쉬는 시간에 자윤이가 그림을 그렸는데, 이전부터 사이가 안 좋았던 친구가 자윤이의 그림을 가져가서 장난을 쳤다. 자윤이가 "하지 마. 하지 마" 하고 말리면서 팔을 휘두르다가 옆에 있는 친구가 맞아서 넘어져 보건실에 가게 되었다. 그러자 자윤이도 감정이 격해져서 아무에게도 말하지 않고 학교를 벗어나 집으로 와버렸다.

진료실에서 만난 자윤이는 친구들에게 관심이 많고, 인정과 사랑을 받고 싶은 욕심이 많은 아이였다. 그림을 그려보라고 하니, 한 원숭이가 정글에서 나무를 타고 다니면서 가까스로 호랑이를 이기고 원숭이들의 왕이 되는 이야기를 그렸다. 자윤이는 갈등 상황이 생기면 감정 조절이 어려웠고, 학교에서 또래와 있을 때는 행동을 자제하기 위해 노력했지만, 감정과 욕구에 따라 의도치 않게 즉각적·돌발적이며 공격적으로 보이는 행동이 불쑥 나올 때가 있었다. 그래서 가정에서뿐만 아니라 학교에서도 선생님과 친구들로부터 호의적이고 긍정적인 피드백을 받는 일이 거의 없었다. "내가 만일 인기가 많다면 좋을 텐데…", "담임 선생님은 친절하지 않다", "남자 애들은 나를 그렇게 좋아하지 않는다"라는 말을 하기도 했다. 이러한 상황이 자꾸 되풀이되면서 자윤이 안에 오해받는다는 억울함과 속상함이 누적되어 대인 관계에서 불편감을 호소하는 것 같았다.

자기 조절이 부족한 아이들은 대인 관계에서의 갈등을 설명해야 하는 상황에서 그 상황을 말로 묘사하기 어려워하고 타협이나 협상을 하는 경우가 별로 없다. 대부분 자윤이처럼 울어버리거나 친구들을 밀치거나 하는 식으로 직접 행동을 하기에 어른이 개입해야 하는 경우도 많다.

사람들 사이에서 관계를 맺고 생활을 하다 보면 갈등을 피할 수는 없다. 많은 아이들이 함께 생활하는 학교에서는 더욱 그렇다. 이런 갈등을 잘 해결하려면 우선 갈등 상황을 정확하게 찬찬히 말로 설명하고, 갈등 상황에서 자신이 느꼈던 감정이나 힘들었던 점을 말로 표현하는 과정이 필요하다. 그리고 상대방의 입장이나 감정을 들어보고 서로 오해했거나 서운한 점을 이야기해야 한다. 때로는 진심 어린 사과가 필요할 수도 있다. 마지막으로 앞으로 어떻게 하면 좋을지 이야기를 나누고 갈등 상황을 마무리해야 한다. 모든 과정을 잘하기 위해서는 역시 자신의 감정과 행동을 잘 조절하는 능력이 필요하다.

싫은 것을 싫다고 말할 수 있는 능력

※ 유빈이(초1, 여)는 친구와 놀 때 자기가 하고 싶은 것을 말하지 못하고 친구가 하고 싶은 놀이만 하는 아이였다. 친구가 장난 감을 빼앗아가거나 때려도 싫다는 말을 하지 못했다. 한참 기 다려서 그네를 탔다가도 옆에서 친구가 바라보면 바로 자리를 비키기도 했다. 유빈이가 항상 상대방을 배려하기만 해 자기 것을 못 챙기는 것 같아서, 싫다는 말을 하지 못해 늘 피해를 보 는 것 같아서 엄마는 속상하기만 하다.

다른 사람들과의 관계 속에서 자기 조절을 잘하기 위해서는 싫 은 것은 싫다고, 속상한 것은 속상하다고, 내가 원하는 것이 뭐라고 자기주장을 표현하는 능력도 필요하다. 요즘처럼 개인주의적이고 스스로 자신을 챙기지 않으면 다른 사람이 먼저 배려해주지 않는 사회에서는 아이에게 다음과 같이 2가지 자기방어를 꼭 가르쳐야 한다.

① "싫어.", "하지 마."
② "내 거야.", "내 차례야."

    자기주장과 자기방어를 고루 할 수 있어야 친구들이 아이를 함부로 대하지 않고 존중할 가능성이 크다. 자기주장과 자기방어를 하지 못하는 아이는 싫은 것을 싫다고 말하지 못하고 있다가 속상하고 서운한 감정이 쌓였을 때 폭발해서 갈등이 생기기도 한다. 그래서 다른 사람과의 관계 속에서 생겨나는 감정을 잘 조절하여 말로 표현하는 능력만큼 싫은 것을 싫다고 말하고 자신을 지키는 능력도 중요하다.

즐거움과 동기의 조절

동기 부여와 무기력의 상관관계

❋ 민서(중2, 남)는 처음 만났을 때부터 표정의 변화가 거의 없고 지루해하는 아이였다. "스트레스라고 해봤자 잠이 좀 많아서 일찍 일어나기 힘든 것뿐인데, 엄마가 왜 병원에 데려왔는지 모르겠어요"라며 묻는 말마다 귀찮다는 듯이 대충 대답했다. 엄마는 민서가 특별히 하는 것도 없이 종일 침대에만 누워 있다며 걱정했다. 공부도 안 하고, 친구도 만나지 않고, 그렇다고 산책이나 운동하는 것도 아니고, 하루 24시간 내내 침대에 누워만 있는 민서가 엄마는 답답했다. 앞으로 어떤 사람이 되고 싶은지, 나중에 고등학교를 졸업하면 무엇을 하고 싶은지 물어

도 "어떻게든 되겠죠" 하고 시큰둥한 태도를 보였다.

요즘에는 민서처럼 무기력한 아이들이 많다. 매사가 심드렁하고 재미가 없다. 그냥 하기 싫다. 하고 싶은 게 없다. 그냥 침대에 누워서 뒹굴거나 방에 가만히 있는 게 좋다고 한다. 학업이나 교우 관계에 별 흥미를 느끼지 못하고 미래에 대해서도 별다른 생각이 없다. 이런 아이를 지켜보고 있는 부모의 마음은 답답하다. 가방을 들고 학교와 학원으로 왔다 갔다 하기만 할 뿐, 수업은 잘 듣고 있는지, 숙제나 수행 평가는 때맞춰서 하고 있는지, 이렇게 해서 대학은 갈 수나 있을지, 요즘처럼 경쟁적인 세상에서 제대로 살아갈 수 있을지, 조금만 노력하면 될 것 같은데 왜 그걸 안 하는지, 부모는 아이가 답답하고 갑갑하게만 느껴진다.

동기 부여가 부족하고 무기력한 아이들의 특징

- 좋아하던 일에 갑자기 흥미를 잃어버린다.
- 하고 싶은 것이 없어진다.
- 수면 습관과 식습관이 변한다.
- 별다른 이유 없이 머리와 배가 아프다고 한다.
- 친구가 없고 사회적으로 위축되어 있다.
- 학교에 가지 않으려 한다.
- 여러 과목에서 성적이 떨어진다.

> • 말수가 줄어든다.

아이가 무기력해 보인다고 해서 아무 생각이나 감정이 없는 것은 아니다. 오히려 무기력은 도움이 필요하다는 신호일 수도 있다. 무기력한 아이의 마음에는 해도 안 된다는 좌절감, 아무도 내 마음을 모른다는 슬픔, 부당한 일을 강요당하고 있다는 분노가 숨겨진 경우가 많다. 또 어떻게 해도 상황이 나아지지 않을 것 같고, 아무도 나를 이해하지 못할 것 같다는 절망감이 내재한 경우도 많다.

※ 민서도 그랬다. "특별히 힘든 건 없어요"라며 무심한 듯 이야기했지만, 그림을 그려보라고 했더니 잎이 모두 떨어진 겨울 나무를 그렸다. 나무가 외롭겠다고 하면서 주변에 다른 나무를 그렸고 나무를 찾아오는 다람쥐를 그려 넣기도 했다. 그림 카드를 보고 이야기를 만들어보라고 하자 '내향적인 성격의 동생이 외향적인 성격의 형을 부러워하는' 이야기를 만들었고, 학교를 그려보라고 하니 학생들이 모두 칠판을 바라보고 있는 뒷모습을 그리기도 했다. 어떤 그림인지 물어보니 학교에서 친구가 없어 외롭긴 하지만, 작년에 같은 반 친구들에게 뚱뚱하고 놀림을 받았던 경험 때문에 아이들과 가까워지는 일이 두렵다고 했다. 누구와도 쉽게 친해지고, 친구가 많은 형이 항상 부럽다고 했다. 집을 그려보라고 했더니 친구 집을 그렸다. 민서

엄마는 형과 연년생인 민서가 태어나면서 아이 둘의 양육이 힘에 부쳤고, 또 민서가 3세 때 외할머니가 돌아가시면서 우울증이 생겨 민서를 잘 돌보지 못했다. 민서 아빠는 작년부터 민서가 무기력해지기 시작하면서 안 움직여서 그렇다며 주말마다 등산을 하자고 했다. 민서의 마음속에는 외로움 및 무기력감과 함께 마음을 알아주지는 않으면서 하기 싫은 일을 강요하는 부모, 있는 그대로의 자신을 받아들여주지 않는 학교와 사회에 대한 분노와 반감이 숨어서 웅크리고 있는 듯했다.

아이들은 왜 무기력해지는 것일까? 부모가 생각하는 것처럼 아이가 노력하지 않아서 그런 것일까? 그렇지 않다. 대개는 자신이 직접 할 수 있는 것이 없을 때 혹은 상황이나 감정을 감당하기 어려울 때 아이들은 무기력해진다. 이어지는 내용은 아이들이 무기력해지는 대표적인 경우이다.

첫째, 부모의 기대나 교사·학교·사회의 요구가 부담스러울 때이다. 권위적인 태도로 아이에게 뭔가를 요구하거나 혹은 겉으로는 다정하지만 무의식적으로 아이에게 무언가를 강요할 때, 그래서 자신이 하고 싶은 것보다 강요받은 것을 해야만 한다는 부담감에 짓눌릴 때 아이들은 무기력해진다. 자신의 꿈이나 목표를 스스로 결정하고 거기에 도달하는 방법을 선택할 자유가 본인에게 없다고 느낄 때, 자신의 것이 아닌 욕망을 강요당한다고 느낄 때, 자신의 삶에 대한 통제권이 본인에게 없다고 느낄 때, 아이들은 마음속에서 하고 싶은 것을 내려놓는다.

무엇인가를 자발적으로 선택하고, 결정하고, 책임질 수 있는 상황이 되면 아이들은 무기력해지지 않는다. 사회 심리학자 줄리언 로터Julian Rotter도 상황이나 문제를 스스로 통제할 수 있다고 믿는 사람은 쉽게 무기력에 빠지지 않는다고 했다.[13] 아이들은 상황을 자기 뜻대로 통제할 수 없다고 믿을 때 무기력해진다. 사회의 경쟁적인 환경이나 입시 위주의 학교 분위기, 부모의 강요와 같은 것들이 자신을 움직인다고 느낄 때 무기력해지는 것이다.

심리학자 캐롤 드웩Carol Dweck은 외적 동기와 내적 동기가 성취에 미치는 영향이 다르다고 했다.[14] 스스로 배우는 것 자체에 즐거움을 느끼고 공부를 통해서 성장하는 데 기쁨을 느끼는 아이들은 내적 동기에 의해서 움직이는 것이다. 스스로 내적 동기를 부여하는 아이들은 더 열심히 노력하고 더 좋은 성취를 거둔다. 반면에 부모님이나 선생님, 친구들로부터의 관심, 돈이나 특권과 같은 외적 동기에 의해서 움직이는 아이들은 외적 보상이 눈에 보일 때만 움직일 수도 있다. 외적 동기는 창의력을 감소시키고 활동에 대한 내적 관심을 약화하기도 한다. 상을 받으려고 운동을 하는 아이보다는 스스로 목표를 생각하면서 운동을 하는 아이의 결과가 좋고,[15] 부모의 압박이나 강요가 아니라 내적 동기에 의해서 공부하는 아이의 성적이 더 뛰어나다. 당연히 무기력을 경험할 가능성도 작다.

둘째, 뭘 해야 할지 모를 때 혹은 뭘 해도 안 될 것 같다는 생각이 들 때, 그래서 내가 뭘 해야 할지, 뭘 할 수 있는지 모르고 방향성을 잃을 때도 아이들은 무기력해진다. 미래에 내가 어떤 사람이 될 수 있을 거라는 기대(가능한 나)possible self와 스스로 자신이 목표를 달성할 능력을 갖추고 있다는 믿음의 정도(자기 효능감에 대한 신념) self-efficacy beliefs가 아이들의 동기 부여에 큰 역할을 한다.[16] 자신의 능력에 믿음을 가지고 있는 아이들은 과제를 더 성공적으로 해내고 어려움을 극복해 목표를 달성한다. 반대로 그렇지 않은 아이들은 실제로는 충분한 능력을 갖추고 있다 하더라도 쉽게 좌절하고 포기하며 무기력해진다. 운동선수들도 스스로 잘할 수 있다고 믿으면서 시상대에 서는 상상을 하는 선수들이 더 자신감 있게 경기에 임하고, 실제로 금메달을 딸 가능성도 더 크다고 한다.[17]

자신의 미래에 대한 기대가 부정적인 사람들은 어떤 일을 시작하기도 전에 실패의 두려움을 느끼고 시도하기 전에 포기하기도 한다. 그러면서 무기력에 빠져든다. 안타깝게도 지금 대한민국의 학교에서는 학업을 강조하면서 아이들을 비교하고 줄 세운다. 과정보다 결과를 중요시하는 입시 중심의 교육 제도가 아이들의 의욕을 꺾는다. 아이들에게 미래에 대한 희망과 할 수 있다는 자신감보다는 끊임없는 실패와 좌절을 경험하게 한다. 점점 아이들을 무기력하게 만들고 있는 셈이다.

셋째, 아이들은 자라면서 가정과 학교, 사회에서 다양한 사건과 좌절을 경험한다. 그러면서 아이들이 느끼는 불안, 우울, 분노, 외로움과 같은 감정이 너무 크고 강력해서 동기를 압도할 때 아이들은 무기력해진다. 2022년 소아청소년정신건강실태조사에 따르면 우리나라 소아·청소년의 정신 장애 현재 유병률은 7.1%로 나타났다.[18] 그중 12~17세 청소년의 정신 장애 현재 유병률은 9.5%로 나타나, 우리나라 청소년 10명 중 1명은 치료가 필요한 정도의 정신 장애를 가지고 있었다. 또 청소년의 4.2%는 자살에 대해 생각해본 적이 있었고, 0.8%는 자살 시도를 한 적이 있었으며, 2.2%는 자해를 한 적이 있었다. 정신 장애나 자살, 자해와 관련된 문제까지는 아니더라도 미래에 대한 불안, 학교와 또래 관계 적응의 어려움, 학업 스트레스를 경험하고 있는 아이들은 굉장히 많다.

무기력한 아이들은 자신의 진정한 감정을 들여다보고 말로 표현하는 것이 어렵다. 내 마음속에 일어나는 감정이 무엇인지, 왜 그런 감정을 느끼게 되었는지, 어떤 일이 가장 불안하고 화가 나는지 말로 표현하게 되면, 또 누구나 그렇게 느낄 수 있다고 주변으로부터 받아들여지는 경험을 하게 되면 감정의 크기가 줄어든다. 그런데 우리 사회는 아직 이렇게 감정을 표현하는 데 익숙하지 않다. 오히려 솔직한 감정을 감추고 괜찮은 척하는 사람을 성숙한 사람이라고 생각하기도 한다. 이처럼 적절하게 다뤄지지 않고 억압된 감정들이 아이들을 무기력하게 만든다.

넷째, 사회적 고립이 무기력을 만든다. 부모님에게 "공부하다가 잘 모르는 문제를 모아 오답 노트를 예쁘게 만들어서 시험 직전에 보면 도움이 될 것 같아요"라고 말했다가 "노트를 펜 색깔별로 정리할 시간에 한 문제라도 더 풀어"라고 무시를 당하는 것처럼 자기 생각이나 의견을 표현했는데 비웃음을 사거나 묵살되고, 새로운 시도나 노력이 폄하당하는 경험이 반복되면, 아이들은 차라리 아무것도 안 하는 것이 차라리 낫겠다는 생각을 하게 된다. 또 친구들과의 관계에서 다양성이 용납되지 않고, 조금만 다르거나 부족해도 따돌림이나 괴롭힘을 당하는 것을 경험하면서 아이들은 더욱 위축된다. 현실의 관계 속에서 의지하거나 감정을 공유할 대상을 찾지 못한 아이들은 SNS 속에서 자신을 이해해주는 관계를 찾으려고 하지만, 대개는 원하는 관계를 발견하지 못한 채 더욱 고립되고 무기력해진다.

동기는 목표 지향적 행동과 자기 조절에서 중요한 요소이다. 아이가 동기와 의욕을 가지고 무엇인가를 즐겁게 할 수 있는 능력을 갖추기 위해서는 동기와 즐거움과 관련된 뇌 신경 회로가 잘 기능하는 것이 중요하다. 동기와 즐거움과 관련된 뇌 신경 회로에 대해서는 4장에서 자세히 설명할 예정이다. 또 아이가 자신감을 가지고 자신의 노력과 성취에 대해 스스로 인정하고 격려할 수 있는 태도가 필요하다. 더불어 가족과 주변 사람들이 아이의 선택과 자율성을 존중하는 방식으로 칭찬과 격려를 보내는 것이 필요하다.[19] 이에 대한 방법은 5장에서 구체적으로 이야기하려고 한다.

즐거움을 멈추고 그만두는 능력

세상에는 아이들을 유혹하는 것이 정말 많다. 아이들은 태어나자마자 TV나 스마트폰, 태블릿PC에 노출된다. 부모님이 보는 영상을 함께 보기도 하고, 부모님이 아이를 달래기 위해 영상을 보여주기도 한다. 요즘은 스마트 기기들이 사용하기 수월하게 직관적으로 되어 있다 보니, 2세 정도의 어린아이도 유튜브에서 쉽게 원하는 영상을 찾아본다. 자라나는 아이들 주변에는 마라탕, 탕후루, 핵불닭볶음면처럼 달고 짜고 맵고 자극적인 음식, 유튜브 쇼츠나 인스타그램 릴스처럼 짧고 재미있는 영상, 컴퓨터와 스마트폰으로 즐기는 게임과 같이 그냥 손만 뻗으면 별로 노력하지 않고도 즐거움을 얻을 수 있는 것들이 넘쳐흐른다.

※ 은호(6세, 남)는 알레르기 비염이 있어서 환절기만 되면 기침과 콧물에 시달리는데, 이번 가을에는 폐렴에 걸려 열이 심하게 나는 바람에 10일간 입원을 했다. 엄마는 입원하는 동안 아이가 너무 힘들어해서 스마트폰을 자유롭게 사용하게 했다. 그런데 퇴원 후에도 은호는 계속 스마트폰을 마음대로 하겠다고 고집을 부리기 시작했다. 스마트폰을 못 하게 하니까 발과 주먹으로 엄마를 때리고 밀치기도 하고 의자를 넘어뜨리기도 했다. 이후 엄마는 한 달 가까이 단호하게 은호의 스마트폰 사용을 제한했고, 그러고 나서야 차차 은호의 스마트폰 사용 습관

이 잡히고 짜증을 내는 일도 줄어들었다.

※ 도현이(중1, 남)는 요즘 애들이 흔히 그렇듯 핸드폰이 신체 일부나 마찬가지이다. 밥도 영상을 보면서 먹고, 화장실에 갈 때도 핸드폰을 들고 간다. 공부할 때도 영상을 틀어놓고 보면서 한다. 엄마가 "씻고 숙제하고 나서 남는 시간에 해라"라고 말하면 그때만 잠깐 껐다가 곧 다시 켠다. 정말 있는 대로 인상을 구기면서 소리를 질러야 그나마 듣는 듯해서 엄마는 속에서 열불이 난다. "딱 10분만 더 할게요", "이 판만 마칠게요" 하는 아이와의 씨름도 이제는 지친다.

요즘에는 집마다 은호와 도현이 같은 아이들이 있다. 사실 어른도 아침에 눈을 뜨자마자 스마트폰을 확인하고, 화장실에 갈 때도 들고 가는 사람이 많다. 침대에 누워서 잠들기 직전까지 사용하다가 떨어뜨려서 얼굴에 맞았다는 사람도, 스마트폰이 손에 없으면 불안하다는 사람도 많다. 다만 아이들은 아직 자기 조절이 자라기 전이라 어른들보다 좋아하는 것에 더 많이 몰두하고 쉽게 멈추기가 어렵다. 그러다 보니 최근에는 스마트폰이나 게임 중독, 인터넷 과다 사용과 같은 증상을 보이는 아이들이 늘어나는 추세이다.

스마트폰 과의존 유아동 관찰자 척도(9세 이하)

내용	전혀 그렇지 않다 (1점)	그렇지 않다 (2점)	그렇다 (3점)	매우 그렇다 (4점)
1 스마트폰 이용에 대한 부모의 지도를 잘 따른다.				
2 정해진 이용 시간에 맞춰 스마트폰 이용을 잘 마무리한다.				
3 이용 중인 스마트폰을 빼앗지 않아도 스스로 그만둔다.				
4 항상 스마트폰을 가지고 놀고 싶어 한다.				
5 다른 것보다 스마트폰을 갖고 노는 것을 좋아한다.				
6 하루에도 수시로 스마트폰을 이용하려 한다.				
7 스마트폰 이용 때문에 아이와 자주 싸운다.				
8 스마트폰을 하느라 다른 놀이나 학습에 지장이 있다.				
9 스마트폰 이용으로 인해 시력이나 자세가 안 좋아진다.				

※ 한국지능정보사회진흥원에서 개발한 척도입니다. 자세한 해석은 '스마트쉼센터' 홈페이지를 활용하세요.(www.iapc.or.kr)

※ 1~3번 내용은 1점→4점, 2점→3점, 3점→2점, 4점→1점으로 바꿔서 채점합니다.

※ **기준 점수(36점 최고점)**
　・**고위험 사용자군(28점 이상):** 스마트폰 과의존 경향성이 매우 높으므로 관련 기관의 전문적인 지원과 도움이 필요합니다.
　・**잠재적 위험 사용자군(24~27점):** 스마트폰 과의존 위험을 깨닫고 스스로 조절하고 계획적으로 사용하도록 노력해야 합니다.
　・**일반 사용자(23점 이하)**

스마트폰 과의존 청소년 척도(10~19세)

내용	전혀 그렇지 않다 (1점)	그렇지 않다 (2점)	그렇다 (3점)	매우 그렇다 (4점)
1 스마트폰 이용 시간을 줄이려 할 때마다 실패한다.				
2 스마트폰 이용 시간을 조절하는 것이 어렵다.				
3 적절한 스마트폰 이용 시간을 지키는 것이 어렵다.				
4 스마트폰이 옆에 있으면 다른 일에 집중하기 어렵다.				
5 스마트폰 생각이 머리에서 떠나지 않는다.				
6 스마트폰을 이용하고 싶은 충동을 강하게 느낀다.				
7 스마트폰 이용 때문에 건강에 문제가 생긴 적이 있다.				
8 스마트폰 이용 때문에 가족과 심하게 다툰 적이 있다.				
9 스마트폰 이용 때문에 친구 혹은 동료, 사회적 관계에서 심한 갈등을 경험한 적이 있다.				
10 스마트폰 때문에 업무(학업 혹은 직업 등) 수행에 어려움이 있다.				

※ 한국지능정보사회진흥원에서 개발한 척도입니다. 자세한 해석은 '스마트쉼센터' 홈페이지를 활용하세요.(www.iapc.or.kr)

※ **기준 점수(40점 최고점)**
  · **고위험군(28점 이상):** 스마트폰 사용에 대한 통제력을 상실한 상태로, 대인 관계 갈등이나 일상의 역할 문제 등이 심각하게 발생한 상태입니다.
  · **잠재적 위험군(23~30점):** 스마트폰 사용에 대한 조절력이 약화된 상태이며, 그로 인해 이용 시간이 증가하여 일상생활에 문제가 발생하기 시작한 단계입니다.
  · **일반 사용자(22점 이하)**

과학기술정보통신부의 스마트폰 과의존 실태조사에서 2023년 우리나라 스마트폰 이용자 중 23.1%가 스마트폰 과의존 위험군이었다.[20] 3~9세 유아동 가운데는 25.0%가 스마트폰 과의존 위험군이었다. 스마트폰 과의존 위험군은 공공장소에서 자녀를 통제하거나 부모의 활동 시간 확보를 위해 스마트폰을 보여주는 상황이 가장 많았고, 일반 사용자군은 자녀의 교육 및 학습 수단으로 스마트폰을 보여주는 비율이 비교적 높았다. 그래서 영유아기부터 아이들이 스마트폰을 잘 조절하면서 사용할 수 있도록 이끄는 부모의 노력이 필요하다.

청소년 가운데는 40.1%가 스마트폰 과의존 위험군이었다. 스마트폰 과의존은 스마트폰을 과도하게 이용하여 ① 일상에서 스마트폰이 가장 우선시되고(현저성), ② 이용량을 조절하는 능력이 감소하며(조절 실패), ③ 신체·심리·사회적 문제를 겪게 되는(문제적 결과) 상태를 의미한다. 청소년기가 되면 과의존이나 중독 말고도 스마트폰이나 인터넷, 게임 때문에 생기는 2차 문제도 많다. 친구들과 게임을 하다가 늦게 들어오거나, 현질을 하다가 큰 금액을 사용해서 부모님과 갈등이 생기기도 하고, SNS를 이용한 괴롭힘이나 따돌림으로 힘들어하기도 한다. 사이버 도박이나 SNS에서의 성범죄에 휘말리는 아이들도 있다. 그래서 미디어를 비판적으로 바라보고 스스로 판단하며 조절하는 능력이 필요하다.

스마트폰이나 인터넷, 게임 외에도 아이들을 유혹해서 멈추지 못하게 하는 것들은 또 있다. 맵거나 달콤한 음식, 릴스와 쇼츠 같은 짧은 영상, 인터넷 쇼핑, 술·담배·마약 등 짧은 시간에 강력한 쾌감과 만족감을 주어 멈추지 못하게 하는 것들이 너무나 많다. 그리고 이런 강력한 자극에 청소년들은 더욱 취약하다. 청소년의 뇌는 성인의 뇌보다 강력한 자극과 보상에 더 쉽게 반응하는 데 반해, 위험과 장기적인 영향에 대해서 합리적으로 평가하거나 보상 회로를 억제하는 힘은 아직 약하기 때문이다. 또 청소년들이 어떤 선택을 할 때는 그 선택이 가져올 부정적인 결과에 대한 예측보다 행동 후에 따라올 보상에 대한 기대감이 더 많은 영향을 준다고 한다. 아이들이 스마트폰이나 SNS에 몰두하는 모습을 보고선 부모가 예상되는 부정적인 결과에 대해 아무리 설명해도 행동이 잘 바뀌지 않는 이유가 여기에 있다. 결국, 좋아하는 것을 적절한 시점에 멈출 수 있는 능력, 그만둘 수 있는 능력이 자기 조절의 중요한 요소가 되는 것이다.

3장

아이의
자기 조절을
결정하는
6가지 열쇠

자기 조절은 수업이나 훈련으로 단기간에 길러지거나 기를 수 있는 능력이 아니다. 아이가 타고난 성향 및 기질과 함께 성장 과정에서 경험하는 내적·외적 요소가 아이에게 미치는 영향을 통해 아이가 어른이 될 때까지 천천히 자라나는 것이다. 아이가 타고난 기질, 부모의 양육 과정, 교육과 사회 문화적 요소, 스트레스와 트라우마, 미디어 노출, 그리고 회복탄력성은 아이가 자기 조절을 형성해가는 데 영향을 주는 중요한 열쇠들이다. 부모가 아이의 자기 조절이 자라는 데 영향을 주는 열쇠에 대해서 잘 이해한다면 아이를 키우면서 자기 조절이 어떻게 성장하는지 관찰해 시기별로 적절한 도움을 줄 수 있을 것이다.

타고난 기질
아이가 자라는 토양 이해하기

기질은 감정 반응, 기분 변화, 행동 반응에 있어 나타나는 개인의 특징적인 양상을 뜻한다.[21] 활동량과 에너지 수준, 수면이나 식습관과 같은 생물학적인 리듬, 새로운 상황에 대한 두려움의 정도, 변화에 대한 적응력, 평소에 기분과 감각을 느끼거나 견디는 능력, 끈기, 자기감정이나 생각을 표현하는 정도, 감정을 조절하는 능력 등이 구성 요소이다. 기질은 생애 초기부터 나타나며, 전 생애에 걸쳐 비교적 안정적으로 유지된다. 기질은 한 사람의 정서, 에너지, 반응성의 기초 수준을 결정하며, 자기 조절의 기본 바탕이 된다.

아이마다 타고난 기질이 다르기에 태어날 때부터 자기 조절도 다르다. 어떤 아이는 잘 먹고 잘 자고 쉽게 만족하고 쉽게 달래지는 반면에, 어떤 아이는 잘 안 먹고 재우기가 어렵고 왜 우는지도 모르는데 계속 울기만 하고 잘 달래지지 않는다. 또 어떤 아이는 겁이 많아서 완전히 안전하게 걸을 수 있을 때까지 걸음마를 떼지 않는 데 반해, 어떤 아이는 기기 시작하면서부터 한시도 눈을 뗄 수 없을 정도로 돌발 행동을 한다. 처음 보는 물건을 만지지 말라고 하면 깜짝 놀라서 단번에 그만두는 아이도 있고, 아무리 말해도 위험한 행동을 계속하는 아이도 있다. 심지어 야단치는 엄마를 때리거나 깨무는 아이도 있다.

기질에 관한 여러 이론 중 로버트 클로닌저Robert Cloninger의 심리 생물학적 이론에서는 인격personality을 기질temperament과 성격character으로 나눠 설명했다. 기질은 유전적으로 전달될 수 있고, 생물학적인 요인들과 연관되며, 전 생애에 걸쳐 비교적 안정적으로 지속되는 것이라 이야기한다. 이에 비해 성격은 유전적 인자보다는 사회적 학습의 영향을 받으며 나이가 들면서 성숙하는 것이다. 클로닌저의 이론은 사람의 인격에 타고나는 부분과 성장하면서 만들어지는 부분이 모두 있다는 것을 고려한다는 점에서 사람을 이해하는 데 도움이 된다.

자기 조절도 마찬가지이다. 아이의 기질은 태어날 때부터 타고난 특징이어서 부모가 당장 어떻게 할 수는 없지만, 이후에 부모가 아이를 양육하는 방식이나 아이가 살면서 경험하는 다양한 것들이 함께 영향을 주어 성인이 되었을 때 아이의 자기 조절을 완성한다. 클로닌저는 기질을 구성하는 4가지 요소로 자극 추구novelty seeking, 위험 회피harm avoidance, 사회적 민감성reward dependence, 인내력persistence을 제시했다.

자극 추구

자극 추구는 새롭거나 낯선 것에 끌리고 일단 시도해보거나 도전해보는 성향이다. 자극 추구가 높은 아이는 새로운 장소에 가거나 새로운 장난감을 보면 "오, 신기한데" 하고 제일 먼저 달려간다. 아이디어가 번뜩이고 임기응변에 강하다. 새롭고 낯선 것일지라도 두려워하기보다는 열정적으로 탐색해나간다. 그러나 욕구가 좌절되면 쉽게 화를 내거나 욱하기도 하며, 뭔가를 꾸준히 노력하는 것을 어려워하기도 한다.

위험 회피

위험 회피는 매사에 조심성이 높고 위험하거나 두려운 상황을 경계하고 피하려는 성향이다. 위험 회피가 높은 아이는 다른 친구들 앞에서 발표하거나 전학 가는 것과 같이 평가가 예상되거나 불확실한 상황을 맞닥뜨리면 쉽게 불안해하고 긴장하며 어찌할 줄을 모른다. 실제보다 더 어렵거나 위험하다고 생각하기 때문에 발표를 못 하겠다고 하거나 몸이 아프기도 한다. 조심성이 많고 미리미리 준비한다는 장점이 있지만, 실제로 위험하지 않은 상황에서도 불필요한 걱정을 많이 하기에 늘 긴장하고 억제되어 있으며 쉽게 지친다.

사회적 민감성

사회적 민감성은 주변 사람의 눈빛, 표정, 목소리 등 사회적 신호를 민감하게 파악하여 반응하는 성향이다. 사회적 민감성이 높은 아이는 갓난아기 때부터 돌보는 사람에게 안기는 것을 좋아하고 눈 맞춤을 잘한다. 친구들과도 두루두루 잘 어울리며, 부모님이나 선생님에게 좋은 모습을 보이고 싶어 한다. 주변 사람들의 칭찬이나 인정에 민감하게 반응하여 자신의 행동을 조절하기 때문에 주변에서 이끌어주는 대로 잘 성장한다. 칭찬과 인정, 훈육과 교육의 영향을 많이 받기에 좋은 환경을 만나면 자기 조절이 빠르게 발달할 수 있다.

인내력

인내력은 곧바로 보상이 주어지지 않아도 어떤 행동을 꾸준히 지속하려는 성향이다. 학원을 등록하면 한 번도 빠지지 않고, 숙제도 꼬박꼬박하며, 선생님이 하라고 하는 것을 꾀부리는 법 없이 잘한다. 인내력이 강한 아이는 특별한 보상이 없어도 마음먹은 일을 좋은 결과가 나올 때까지 해내지만, 상황에 따라서는 융통성이 없는 아이로 보일 수도 있다. 숙제를 다 못 했는데 가족 외식을 해야 하는 상황에서 혼자 집에 남아 숙제를 마저 하겠다고 고집을 부리는 것처럼 말이다.

※ 하율이(초1, 여)는 학교 수업도 잘 따라가고 친구들과도 잘 어

울리는 편이다. 그렇지만 의자에 흘러내리듯 앉아 있거나 꼼지락거리기도 하고, 선생님이 질문하면 대답을 안 할 때도 있다. 그리고 선생님이 잘못된 행동을 지적하면 입을 내밀고 미간을 찌푸리는데, 이 행동을 고칠 생각을 하지 않는다. 좋아하는 활동을 할 때는 "재밌다", "이거 되게 쉬워 보인다"라며 그만하라고 해도 멈추지 않았지만, 조금만 어렵거나 지루한 과제를 시키면 책상 아래에 숨거나 옆 친구에게 장난을 치면서 떠들기도 했다. 또 질문에 적절한 답을 하기보다는 생각나는 대로 자기가 하고 싶은 말만 했다. 자신의 행동을 선생님이나 친구들이 어떻게 생각하는지 잘 파악하지 못할뿐더러, 상대방이 싫어할 만한 말이나 행동을 하기도 했다. 그러면서도 하율이는 친구들과 잘 지내고 싶어 하고 인정받고 싶어 했다. 그림을 그려 보라고 하니 하트가 가득 그려진 집을 그리거나 모든 사람에게 사랑받는 예쁜 공주를 그리는 것으로 보아 주변 사람들에게 관심과 인정, 사랑을 받고 싶은 욕구가 높은 듯한데, 이런 욕구가 계속 좌절되어 아이도 힘들 것 같았다.

클로닌저의 이론에 맞춰 기질을 평가하는 기질 및 성격 검사 Junior Temperament and Character Inventory에서 하율이는 위험 회피와 사회적 민감성이 낮은 것으로 나타났다. 위험 회피 기질이 낮기 때문에 활력이 높고 에너지가 넘치는 모습으로 보일 수 있겠으나, 한편으로는 위험에 둔감하여 부정적인 결과가 예상되는 상황에서도 행동의 통제나 억제에 어려움을 경험할 가능성이 있어 보였다. 위험 회피가 낮은 기질의 특성은 주변 환경에 대한 풍부한 호기심이 되기도 하지만, 한편으로는 다소 성급하거나 자기중심적인 성향으로 인해 또래 관계에서 의도하지 않은 방해를 하거나 부정적인 인상을 줄 수도 있다.

하율이는 사회적 민감성이 하위 4%에 해당할 정도로 낮았다. 애정이나 관심에 대한 욕구만 높을 뿐, 자신의 행동이 미치는 결과에 대한 예상뿐만 아니라 행동의 통제나 억제가 쉽지 않아서, 이전에 자신이 어떤 행동을 했을 때 친구가 좋아했는지, 싫어했는지를 잘 생각해 여기에 맞추는 것이 힘들다. 부모님이나 선생님의 지시나 지적을 통해서 실수를 교정하거나 습관을 고치는 것도 어려워하기에 자기 조절의 발달이 느릴 수 있다.

이렇게 기질은 아이가 타고난 성향으로 자기 조절의 기본 바탕이 된다. 그렇지만 아이의 자기 조절이 자라는 데는 타고난 기질뿐만 아니라 부모의 양육, 학교와 사회에서의 교육처럼 다양한 것들이 영향을 미친다. 그래서 아이가 스스로 타고난 기질을 잘 다독이면서 자기 조절을 키워갈 수 있도록 이끄는 양육과 교육 역시 중요하다.

양육

가족이라는 울타리가 해줄 수 있는 일

부모는 아이의 자기 조절이 발달하는 데 있어 결정적인 역할을 한다. 자기 조절은 아이가 타고난 기질에 더해 부모-자녀 관계의 맥락 안에서 경험하는 것들의 영향을 받음으로써 성장해가는 상호적이고 역동적인 과정이다.

양육과 자기 조절의 상관관계

발달 심리학자 아만다 셰필드 모리스Amanda Sheffield Morris는 부모가 3가지 방법으로 아동의 자기 조절 발달에 영향을 준다고 했다.[22] 첫째, 아이는 부모가 스스로 자기의 감정, 행동, 생각을 조절하는 모습을 직접 보고 배운다. 아이는 기거나 걷기 시작하면서부터 앞으로 가도 되는지, 뭔가를 만져도 되는지를 부모를 쳐다보면서 확인한다. 이렇게 어떤 행동을 하기 전에 다른 사람을 쳐다보는 것을 사회적 참조social referencing라고 하는데, 아이는 사회적 참조를 통해 부모의 행동을 모델링하고 부모가 옳다고 생각하는 것을 알아간다. 또 아동기 중기나 청소년기를 거쳐 성장하며 부모가 자신의 감정을 조절하는 행동을 관찰하면서 배운다. 그리고 이런 과정을 통해 공감 능력을 키우기도 한다.

둘째, 아이가 성장하는 과정에서 부모가 자신의 감정과 외부의 자극에 대해 어떻게 반응해야 하는지를 가르치고 방향을 제시한다. 울거나 짜증을 낼 때 부모가 장난감이나 먹을 것을 주어 주의를 다른 데로 돌려 감정을 누그러뜨리는 상황을 경험한 아이들은, 자란 다음에도 부정적인 감정이 휘몰아칠 때 주의를 다른 데로 돌리는 인지적 전략을 사용할 수 있게 된다. 그리고 부모가 아이의 마음을 잘 읽어주면 아이도 자기의 감정과 생각을 말로 잘 표현할 수 있게 된다. 자신을 불안하게 하거나 화나게 하는 생각에 대해서 반박하고 생각 자체를 바꿔가면서 감정과 행동을 조절하는 인지 조절 전략을 인지적 재해석cognitive reappraisal이라고 하는데, 이러한 인지 조절 전략도 부모가 생각하는 패턴의 영향을 받는다. 부모가 "괜찮아. 잘될 거야"라고 긍정적으로 생각하는 경향을 지닌 사람이면, 아이도 걱정되는 일이 있을 때 "괜찮아. 잘될 거야"라고 긍정적으로 생각하는 경향을 배운다. 아이가 일본에 지진이 난 것을 보고 우리나라도 지진이 날까 봐 불안해할 때, 부모가 "우리나라는 일본과 달라서 지진이 자주 일어나는 지역이 아니야. 그러니까 너무 걱정하지 마"라고 논리적으로 설명해준다면, 이후 불안을 자극하는 일이 생겼을 때 아이도 자신의 불안에 대해 논리적으로 반박하려고 할 가능성이 크다.

셋째, 가정의 감정적 분위기가 따뜻하고 지지적인지, 아니면 지나치게 통제하고 혼을 내는지가 아이의 자기 조절 발달에 결정적인 영향을 준다. 따뜻하고 지지적이면서 일관된 규칙을 가진 가정에서 자란 아이들은 자기 조절 전략을 건강하게 발전시켜간다. 반면에 일관된 규칙이 없거나 지나친 비난과 적개심이 있는 가정에서 자란 아이들은 뜻대로 되지 않거나 주변 사람들에게 부정적인 피드백을 받는 것과 같은 외부의 자극에 지나치게 감정적으로 반응하거나 혹은 아예 무관심하면서 자라게 된다. 그리고 부모에게 감정적으로 지지를 받는 청소년은 스스로 자신의 감정을 잘 조절할 수 있다는 자신감을 가진다.

자기 조절의 시작점, 애착

애착은 생후 첫 1년 사이에 아이와 아이를 돌보는 사람 사이에서 생겨나는 정서적인 특별한 유대 관계를 뜻한다. 아이는 생후 2~3년 동안 부모의 도움이 없으면 먹거나, 자거나, 움직이거나, 대소변을 처리하거나, 주변의 위험으로부터 자신을 지킬 수 없으므로 생존이 불가능하다. 그래서 부모가 아이의 신체와 감정 상태를 함께 조절해주는 것이 중요하다. 우는 아이는 먹을 것을 주거나 달래주거나 온도를 맞춰주면 바로 뚝 그친다. 또 아이는 안아주고, 토닥거려주고, 얼굴을 마주 보고, 놀아주고, 같이 웃어주는 것처럼 심리적 보살핌도 필요로 한다. 이처럼 돌봄을 받고 싶고, 사랑도 받고 싶고, 함께 있고 싶은 욕구를 충족하는 경험을 통해 아이는 부모와 안정된 애착을 형성한다. 이렇게 형성된 애착은 이후에 만나는 모든 타인과의 관계에서 중요한 기초로 작용하며, 사회적인 상호 관계를 맺을 수 있는 기본 바탕이 된다.

정서적으로 안정된 부모가 아이의 요구와 감정에 빠르게 반응해주는 것이 아이가 스스로 달래는 기능을 키우는 데 도움이 된다. 부모가 나의 행동과 반응에 주의 깊게 관심을 기울이고, 나의 의도와 욕구를 이해해 맞춰주는 것을 경험해본 아이들은, 지금 불편하거나 마음대로 안 되는 것이 있어도 부모가 자신의 요구를 해결해주기 위해서 움직이는 중이라는 사실을 안다. 그래서 기다리면 곧 불편함이 해결될 수 있음을 배운다. 부모가 우는 자신을 안아주고, 눈을 맞추고, 다독여주고, 다정하게 말을 걸어주는 등 편안하게 해주는 따뜻한 상호 작용을 통해서 부정적인 감정이 줄어드는 것을 경험한 아이들은 감정이 달래진다는 사실을 깨닫는다. 이 시기에 우는 아이를 달래주는 것은 감정 조절의 바탕이 되며, 아이에게 '조절되는 느낌'을 알려준다.

감정을 담당하는 뇌인 변연계는 대뇌 피질의 인지 기능이 자라기 전에 먼저 자란다. 다른 뇌 부위와 마찬가지로 변연계도 경험을 통해 자라는데, 특히 생애 초기 부모와의 관계에서 영향을 많이 받는다. 부모와의 안정적인 상호 작용은 아이가 언어를 배우고 말로써 자기감정을 표현하는 능력을 기르는 데 결정적이다. 영유아기에 아이가 자기 뜻대로 되지 않는 상황에서 부모가 잘 달래줬던 경험은 자기 조절을 담당하는 뇌 부위들의 발달을 촉진하며, 이후의 감정 조절과 행동 조절의 바탕이 된다. 민감한 아이에게 잘 맞춰주는 양육자의 역할이 그래서 중요하다.

감정은 좋든 나쁘든 모두 조절이 필요하다. 조절되지 않은 감정은 아이의 몸과 마음을 지치게 하고 주변 사람들의 삶에도 영향을 줄 수 있기 때문이다. 부모와의 관계에서 압도되는 감정이 조절되는 경험을 통해 아이는 강렬한 감정을 조절하는 방법을 터득한다. 나아가 이런 경험은 아이의 뇌와 자기 조절의 발달에 영향을 준다. 그래서 영유아기에 부모와 안정된 애착을 형성하고 관계가 좋았던 아이는 자신과 다른 사람들의 감정을 더 잘 알아차리고 감정을 더 잘 조절하는 청소년, 그리고 어른으로 자라게 된다.[23]

좋은 양육이란 무엇인가

태어나서 첫 3~4년간의 양육은 가장 중요하다. 이 시기의 아이들은 부모의 신체적·감정적 돌봄에 의존하기 때문이다. 아이의 요구와 필요에 맞춰서 사랑해주고 돌봐주고 놀아주는 것이 좋은 양육이다. 어릴 때부터 아이가 감정적으로 피곤하거나 과잉 자극되었을 때 부모가 빠르게 알아차리고 달래서 회복할 시간과 공간과 여지를 주면, 아이는 스스로 조절할 수 있다는 확신과 실패를 극복하고 회복하는 힘인 회복탄력성을 가지게 된다.

이 시기에 부모가 아이를 안정적으로 일관성 있게 보살펴주고, 아이의 안전 기지secure base가 되어준 경험은 아이가 자란 후에도 정서적 안정감과 조절력을 준다. 안전 기지란 무슨 일이 있을 때 도망쳐서 숨을 수 있는 장소로, 아이가 집 밖에 나가 온갖 도전을 하다가 실패해서 상처를 입어도 돌아와 휴식하고 위로받을 수 있는 공간이다. 아이는 이런 휴식을 통해 마음이 편해지고, 마음이 편해지면 자신의 상황과 감정, 행동, 생각을 돌아보고 잘 조절할 수 있게 된다.

아이가 자라서 걷기 시작하고 스스로 숟가락질을 하기 시작하면, 아이의 주도권을 존중하면서도 '해도 되는 것과 하면 안 되는 것'의 경계를 명확하게 알려주는 양육이 아이의 자기 조절을 키우는 데 도움이 된다. 그렇지만 부모가 지나치게 통제하며 지시에 따르기만을 강요하면 자기 조절을 키우는 데 방해가 된다. 특히 청소년기에는 아이가 적절한 수준의 자율성을 발휘하게 하는 것이 더 긍정적인 감정을 가지고 감정 조절을 잘하게 하는 데 도움이 된다. "주말 동안에 수행 평가를 끝낼 수 있을 줄 알았는데, 생각보다 시간이 오래 걸려서 다 못 했구나. 시험공부도 해야 하는데 수행 평가를 못 끝내서 마음이 불안하고 초조하겠다"라고 아이의 공부 계획을 존중하면서 뜻대로 되지 않아 속상한 아이의 감정을 말로 읽어주면 아이는 짜증을 내거나 분노를 폭발시키지 않고 차분하게 다시 계획을 세울 수 있게 된다. 감정을 읽어주는 것이 감정 조절과 문제 해결 능력을 키우는 데 중요한 역할을 하는 셈이다.

부모가 스스로 감정 조절을 못 하면 아이도 감정 조절에 어려움을 보인다. 갈등이 많고 지지적이지 않은 부모-자녀 관계는 아이의 자기 조절을 저하시킨다. 지나치게 길고 반복적인 잔소리, 애매한 지시와 명령, 가혹하고 일관되지 않은 훈육, 따뜻한 돌봄과 관리 감독의 부재와 같은 것들이 감정 조절을 더욱 어렵게 만든다. 반대로 부모가 스스로 감정 조절을 잘하고, 아이를 안정적으로 예상 가능하게 대하면 아이는 자기 조절을 잘할 수 있는 아이로 자랄 뿐만 아니라 스스로 자신을 조절할 수 있다는 자신감도 가지게 된다.[24]

아이의 자기 조절과 아빠의 역할

최근 들어 아이를 키우는 데 적극적으로 임하는 아빠들이 점점 늘어나고 있다. 육아 휴직을 쓰기도 하고, 엄마보다 더 주도적으로 양육에 참여하기도 한다. 아빠도 얼마든지 기저귀를 갈고 목욕을 시키면서 엄마 못지않게 아이를 잘 돌볼 수 있다. 또 아이와 안정된 애착을 형성하여 아이가 세상을 탐색하는 데 필요한 안전 기지 역할도 수행할 수 있다. 아빠와 안정된 애착을 형성한 아이는 자신의 감정을 더 잘 조절할 수 있고, 자신감을 가지고 대인 관계를 맺을 수 있으며, 청소년기에 문제 행동이나 비행이 나타날 확률이 더 적다는 연구도 있다.[25]

아빠는 아이와 놀이하는 방식이 엄마와 다르다. 한동안 인터넷에서 '아빠에게 아이를 맡기면 안 되는 이유'라는 동영상이 인기를 끈 적이 있었다. 아빠와 아이가 위험한 놀이나 경쟁적인 놀이를 하는 장면이 재미있게 보여서이다. 의외겠지만 이렇게 과격하고, 위험하며, 경쟁적이기까지 한 아빠와의 놀이는 아이의 발달에 큰 도움을 준다. 아빠와 다소 거친 방식으로 신체 놀이를 하면서 아이는 자연스럽게 힘과 에너지와 감정이 급격하게 상승했다가 멈추고, 긴장했다가 이완하기를 반복한다. 그리고 이런 경험을 통해서 아이는 자신의 신체 조절뿐만 아니라 공격성처럼 감정을 조절하는 능력도 함께 키워가게 된다. 또 아빠와의 놀이는 규칙이 없고 경쟁적인 것이 특징인데, 아이는 이런 놀이 과정에서 이기고 지는 상황을 경험하면서 자신보다 강한 상대를 이길 수 있다는 성취감과 자신감, 질 수도 있는 상황에서 속상한 감정을 조절하는 방법을 터득하게 된다.

아빠는 아이와 상호 작용하며 관계를 맺는 방식도 엄마와 다르다. 엄마가 주로 돌보는 역할을 한다면, 아빠는 친구처럼 놀아주는 역할을 할 가능성이 더 크다. 아이가 새로운 환경을 맞닥뜨리거나 위험한 놀이를 할 때 엄마는 불안해하면서 걱정한다면, 반대로 아빠는 새로운 경험이나 환경에 도전하도록 이끄는 편이다. 다소 경쟁적이거나 위험하거나 어려운 상황에도 도전하고 문제를 해결하도록 격려하며, 아이가 강렬한 정서적 경험에 뛰어드는 것을 불안해하지 않는다. 그리고 이런 과정을 통해서 아이의 실행 기능이 자라도록 돕는다.[26] 그런가 하면 엄마는 주로 감정을 돌보는 역할을 하기에 스트레스 상황에서 아이를 편안하게 하고 감정 조절이 자라도록 돕는다. 자기 조절에는 여러 가지 측면이 있고, 엄마와 아빠가 제공하는 각기 다른 경험은 자기 조절의 서로 다른 측면이 자라는 데 긍정적인 역할을 한다. 그래서 아이의 자기 조절이 자라는 데 아빠의 양육은 엄마의 양육만큼이나 중요하다.

열쇠 ③
양심과 도덕성 발달
자기 조절의 기준과 동기

자기 조절은 옳고 그름을 판단하는 능력인 양심과 도덕성의 발달과 밀접하게 관련된다. 양심과 도덕성은 아이가 자기 조절을 배워가는 기준이 되기도 하고, 자기 조절을 하고자 하는 동기가 되기도 한다. 그래서 발달 단계에 맞는 양심과 도덕성의 발달이 중요하다.

스위스의 심리학자인 장 피아제Jean Piaget는 아이의 도덕성이 다른 사람의 기준에 따르는 타율적 도덕성heteronomous morality에서 자기 내면의 기준에 따르는 자율적 도덕성autonomous morality으로 나아간다고 했다.[27] 아이는 부모 등 권위 있는 사람이 정한 기준에 따라서, 벌을 받거나 야단맞기 싫어서, 칭찬과 인정을 받고 싶어서 규칙과 법을 지키는 데 반해, 성인은 자기 내면의 기준에 따라서 규칙과 법을 지키고 따른다. 또 아이는 상대방이 행동하는 의미나 상황의

118

전후 맥락을 종합적으로 고려하기보다는 선생님에게 혼나지 않으려고 혹은 규칙을 지키려고 하는 것이 행동의 기준이 된다. 그러나 청소년기를 지나며 행동에 내재된 인간의 동기와 의도, 상황에 따른 입장과 사정이 있다는 사실을 이해하게 되면서 '원칙을 지키는 것이 중요하다', '원칙보다 사람이 중요하다'와 같이 서로 다른 자신의 내적인 기준에 따라 행동의 옳고 그름을 판단하게 된다. 자신의 마음에 대해서 보다 객관적으로 인식하고 돌아보는 능력이 자라면서 양심과 도덕성이 성숙해가는 것이다.

영유아기(0~3세)

신생아는 부모로부터 신체적·정서적인 돌봄을 받으면서 애착을 형성한다. 신생아에게는 아직 도덕적 판단 능력이 없으며, '좋다/나쁘다', '원하는 돌봄을 받고 있다/받고 있지 못하다'에 대한 느낌만 있다. 배가 부르고, 엉덩이가 보송보송하고, 엄마가 따뜻하게 안아주거나 재미있게 놀아주는 것은 좋은 것이고, 배가 고프고, 엉덩이가 축축하고, 졸린 데 아무도 안아서 재워주지 않는 것은 나쁜 것이다. 이렇게 아이에게는 좋은 것과 나쁜 것에 대한 자신만의 느낌이나 기준을 발달시켜가는 과정이 옳고 그름에 대한 기준의 시작이 된다.

아이는 생후 1~2개월이 되면 엄마를 만지고 목소리를 듣고 냄새를 맡고 느끼면서 나와 타인이 다르다는 사실을 어렴풋이 알아차리기 시작한다. 또 아이는 잠을 안 자고 놀고 싶은데 엄마가 재우려고 할 때처럼 자기가 원하는 것과 엄마가 원하는 것이 같지 않다는 것을 느끼면서, 다른 사람들도 각각 자신의 감정과 욕구와 권리를 지닌다는 사실을 깨닫게 된다. 6~7개월이 되면 사람들의 표정에서 감정을 읽어내고, 자신의 감정을 상대방에게 맞춰 조율하기 시작한다. 9개월이 되면 다른 사람들이 자신의 감정을 알아준다는 것을 이해해 표정이나 몸짓으로 감정을 전달하려고 한다. 24개월이 되면 엄마가 슬퍼 보일 때 함께 슬픈 표정을 짓거나 엄마를 위로하려고 한다. 이렇게 나와는 다른 감정과 욕구, 또 권리와 기준을 가진 존재로서의 타인을 인식하는 것이 아이의 도덕성 발달에 중요하다.

아이가 기기 시작하면 부모는 "안 돼", "위험해"라고 말하면서 아이의 행동을 제한하려고 든다. 자신의 의지를 자유롭게 표현하려는 아이의 욕구와 충동을 억제하려는 부모의 요구가 충돌하는 것이다. 부모와 안정된 애착을 형성한 아이는 부모의 사랑을 간직하고 싶고 부모를 실망시키고 싶지 않은 마음에, 부모의 지시를 따르고 규칙을 지키며 부모의 도덕적 기준을 내재화하기 시작한다. 그러면서 자신의 욕구가 좌절되는 것을 견디고 충동을 조절하는 방법을 배운다.

학령전기(3~6세)

이 시기의 아이는 자기 뜻대로 모든 것을 할 수 없다는 사실을 알게 된다. 다른 사람을 때려서는 안 되고, 아무 데서나 대소변을 봐도 안 된다. 먹고 싶은 것이나 갖고 싶은 것을 언제나 먹거나 가질 수 없다는 사실도 배워간다. 그렇지만 아이는 아직 옳고 그름에 대한 자신만의 기준이 없고, 다른 사람이 자신에게 제시해주는 행동만을 따를 뿐이기 때문에, 즉 타율적 도덕성의 단계에 있기에 마음속에서 자신이 원하는 부분이 있을 때만 갈등한다.

아이에게는 아직 자기가 누군가를 때리면 그 사람이 상처를 입을 수도 있다는 사실을 이해하는 능력이 부족하다. 때리는 행동이 나쁘다고 부모가 이야기해주거나, 그 행동으로 인해 처벌을 받기 때문에 잘못된 행동이라고 인지하는 것이다. 또 스스로 행동을 조절하거나 다른 사람을 배려하는 모습을 보였을 때 부모가 칭찬하면서 따뜻한 미소를 건네기에 옳은 행동을 했다고 생각하는 것이다. 따라서 이 시기에는 부모가 어떤 기준과 방향을 제시해주는지가 아이의 도덕성 발달에 중요하다. 이때 부모가 원칙 없이 충동적이고 비일관적인 태도를 보인다면, 아이는 옳고 그름의 기준이 아니라 부모의 기분에 맞추려고 하게 된다. 그리고 충동적이고 감정 기복이 심한 사람, 도덕적 기준보다는 다른 사람의 시선을 신경 쓰는 사람으로 자랄 가능성이 커진다.

아이는 자신이 떼를 쓰거나 공격성을 내보였을 때 훈육하고 처벌하던 부모의 모습을 내면화한다. 원하는 장난감을 사달라고 떼쓰고 싶거나 얄미운 동생을 때려주고 싶을 때, 스스로 '그러면 안 되지' 하고 마치 부모가 하던 것처럼 자신의 공격성과 욕구를 조절해가는 것이다. 부모의 말과 기준이 아이의 마음속에 자리 잡으면, 마음속에서 양심이 되어 자기 조절의 기준이 되는 것이다.

학령기(7~12세)

학령전기에 부모의 사랑과 인정을 받고 싶고, 이런 사랑을 상실하면 어떡하나 하는 불안으로 규칙을 지키던 아이는 이제 선생님이나 또래에게도 인정받고 싶은 마음을 가지면서 또래 집단의 규칙을 배워간다. 학령기 초기(초등학교 저학년)의 아이는 예외적인 상황을 고려하는 능력이 아직 자라지 않아 부모의 지시나 집단의 규칙을 반드시 지켜야 한다고 생각한다. '해야만 한다' 혹은 '해서는 안 된다'라는 강한 신념이 아이의 마음속에 자리 잡는 것이다. 그래서 규칙을 지키지 않는 친구의 잘못을 지적하고 바로잡으려 하기도 한다.

아이는 사람들이 어울려서 살아가려면 규칙이 필요하다는 사실을 이해할 뿐만 아니라, 규칙을 만드는 과정에 자신이 직접 참여해서 의견을 제시하고 싶어 하기도 한다. 이때 부모는 이러한 점을 적절하게 훈육에 이용할 수 있다. 예를 들어, 정훈이(초3, 남) 가족은 핸드폰 게임 시간에 대한 규칙을 정하는 중이다. 처음에 부모님은 하루 30분, 정훈이는 하루 2시간이 적절하다고 생각했지만, 서로 의논하는 과정을 통해서 하루에 1시간 핸드폰을 사용하기로 하는 대신, 일주일 동안 핸드폰 게임 시간을 잘 지키면 일요일에 보너스 1시간을 주는 것으로 결정했다. 이렇게 협의를 통해서 규칙을 정하는 일은 아이가 스스로 만든 규칙을 지키는 것이 중요하다는 사실을 이해하게 된 학령기 이후에 가능하다.

　학령기 아이는 자신과 다른 사람의 마음을 이해하는 능력이 급격하게 자란다. 8~10세 아이들은 같은 상황에 대해 자신과 다른 사람의 입장이 다르다는 사실을 이해하기 시작한다. 자신이 좋아하는 것을 다른 사람은 싫어할 수 있으며, 자신이 좋아하는 것을 하면 다른 사람은 원하는 것을 할 수 없게 될지도 모른다는 사실을 알게 되는 것이다. 내가 수업 시간에 수업과는 상관없이 내가 좋아하는 이야기를 하면 선생님과 친구들은 싫어할 수도 있고, 친구들과 피자를 나눠 먹을 때 내가 너무 많이 먹으면 친구들이 먹을 것이 없어진다는 상황을 이해하여 다른 사람을 배려하기 위해 노력한다. 10~12세가 되면 자기 입장과 다른 사람의 입장에 대해 동시에 종합적으로 고려하기 시작한다. 내가 질문을 하면 수업이 늦게 끝나서 친구들에게 피해를 줄 수도 있지만, 그럼에도 중요한 질문은 해야 하는 것처럼 말이다. 학령기 초기에 규칙 자체를 엄격하게 적용하던 데서 벗어나, 행동의 동기와 상황을 고려하는 능력이 자라나는 것이다.

청소년기(13~18세)

청소년기는 뇌 발달과 함께 추상적 사고력, 판단 기능, 실행 기능 등 인지 기능의 발달이 이뤄지는 시기이다. 이 시기에는 '지금 나를 놀리는 지섭이를 때리면 당장 기분은 풀리겠지만, 학폭위가 열려 부모님이 학교에 오셔야 하고 사건이 커질 거야. 지섭이가 놀려서 먼저 잘못한 건데, 내가 지섭이를 때리면 마치 내가 더 잘못한 것처럼 보일 테고. 기분은 더럽지만 참아야겠다' 하고 현재 상황에서 일어날 수 있는 모든 가능성과 그 가능성의 결과에 대해서 미리 추론하는 것이 가능해진다. 그리고 미래에 일어날 일과 앞으로의 자기 인생에 관해서도 관심을 가지고 보다 구체적으로 고민하기 시작한다. 자기 행동이나 생각을 돌아보는 자기 성찰이 가능해지며, 다른 사람의 관점을 이해하는 능력도 자란다.

청소년기 아이는 이제 부모나 교사와 같은 주변 사람들의 기준보다는 사회적 규범이나 법과 같은 보다 보편적인 가치를 기준으로 행동한다. 그리고 또래의 행동이나 가치관에 쉽게 영향을 받는다. 어떤 가치관은 자기 것으로 받아들이고, 또 어떤 가치관은 받아들이지 않을지 고민하면서 자신의 도덕적 기준을 만들어간다. 다른 사람을 위해서 양보하고 희생해야 한다는 교장 선생님의 가치관에는 동의하지 않지만, 다른 사람에게 피해를 주면 안 된다는 엄마의 가치관은 받아들인다. 그 과정에서 아이는 자신에게 가장 적합한 가치 체계를 찾기 위해 다양한 가치 체계를 비교해가면서 기존의 가치관에 회의를 느끼기도 한다. 부모와 교사는 이제 도덕적 기준을 제시해주는 권위자라기보다는 참고할 만한 대상 중 한 명으로서 역할을 하게 된다. 도덕적 가치관에 대해 추상적 추론을 하는 것이 가능해지면서, 아이는 국가의 법을 넘어서는 인류나 생태계 같은 보다 넓은 집단의 규칙과 기준에 관심을 가지고, 인권 문제나 기후 문제와 관련된 활동에 참여하는 등 더 넓은 가치관에서 옳다고 생각하는 일로 나아간다.

스트레스와 트라우마
자기 조절의 방해물 살펴보기

아동·청소년기에 아이가 경험하는 스트레스와 트라우마는 인생 전체에 걸쳐서 영향을 주고, 특히 자기 조절의 발달을 어렵게 한다. 아동·청소년기는 실행 기능과 자기 조절을 담당하는 뇌가 자라는 시기이기 때문이다.

우리는 살아가는 동안 어느 정도의 스트레스는 피할 수 없고, 어떤 면에서는 스트레스가 생존에 도움이 되기도 한다. 적당한 경쟁이 있는 상황에서 아이가 공부를 더 잘하는 것처럼 말이다. 그러나 스트레스가 너무 오랫동안 반복 및 지속되거나, 보통의 사람들이 감당할 수 없는 강력한 것일 때는 우리의 마음과 뇌에 상처를 남긴다. 그래서 일상생활에서 경험하는 각종 스트레스, 가정 내 갈등이나 부모의 이혼, 아동 학대, 학교 폭력과 따돌림, 가까운 사람의 죽음, 교통사고나 범죄를 경험 혹은 목격하는 것과 같은 충격적인 사건들이 자기 조절을 담당하는 뇌의 발달에도 영향을 주고, 아이의 자기 조절에도 영향을 주는 것이다.

※ 서연이(중2, 여)는 학교에서 같은 반 남자아이 3명에게 괴롭힘을 당했다. 남자아이들이 친구들 앞에서 서연이를 무시하고 말꼬리를 잡고 또 시비를 걸면서 반 분위기가 바뀌어 안 그러던 여자아이들까지 욕하고 괴롭히는 등 서연이와 반 아이들의 관계가 전체적으로 나빠졌다. 그러면서 서연이는 학교에 가지 않겠다고 울거나 소리 지르며 짜증을 내는 날이 많아졌다. 2학기에 다른 지역으로 이사해서 전학을 갔지만, 이미 친한 아이들의 그룹에 끼기가 어려울뿐더러, 다시 따돌림을 당하지는 않을까 계속 불안했다. 서연이는 중간고사 이후 다시 등교를 거부하면서 손목과 손등을 칼로 긋는 자해를 시작했다.

서연이는 학교 폭력을 당한 이후에 정서적으로 예민하고 불편해진 상태로, 판단의 정확성이 저하되어 타인이 보이는 행동이나 상황의 분위기를 자신에게 불리하다고 잘못 해석하는 것 같았다. 또 누적된 스트레스로 인해 정서적 불편감에 동요되고 압도되어 판단력이 떨어진 상태에서 충동 조절을 못 하여 소리를 지르거나 자해와 같은 행동으로 표출하는 것 같았다. 누군가 자신을 지적하거나 뭔가를 요구한다고 생각되면 과민해지고 분노감을 느끼고 사소한 단서에도 비난받는다고 오해하면서 다른 사람을 몰아세우는 행동을 보여 대인 관계에서의 문제와 가족 갈등을 유발했다.

트라우마가 자기 조절에 미치는 영향

트라우마를 경험한 아이들은 자기 조절, 특히 감정 조절에 어려움을 겪는다. 이런 아이들은 주변의 작은 자극에도 쉽게 불안을 느끼고 안절부절못한다. 주변 사람들의 감정 변화를 감지할 때마다 가슴이 답답해지고 심장 박동이 빨라진다. 트라우마가 남아 비슷한 상황에 놓이면 과거의 상처가 떠올라 불안과 예민함이 자극되기 때문이다. 위협적인 자극과 위협적이지 않은 자극을 구별하기가 어렵고, 무슨 일이 생겼을 때 실제보다 위협적으로 해석하기 때문에 감정을 조절하기가 힘들다. 이런 일들이 반복되면서 아이는 위축되거나, 즐거움을 느끼지 못하거나, 감정 기복이 심해지기도 한다. 장기간 스트레스에 노출되면 점점 스트레스를 견디지 못해 심한 불안, 우울감, 분노, 짜증, 절망, 감정 기복이 계속 이어지는 상태가 된다.

트라우마를 경험한 아이들, 특히 부모에게 학대를 당한 아이들은 세상과 인간에 대한 기본적인 신뢰를 형성하지 못한다. 그래서 거의 모든 대인 관계에 불안을 느끼고 사람들에게 다가서지 못하게 된다. 어려서 학교 폭력으로 마음에 상처를 입은 아이도 마찬가지이다. 사람들과의 관계에서 안정감을 느끼지 못하고 쉽게 예민해지기에 주변 사람들은 마치 고슴도치의 가시에 찔리는 것처럼 깜짝 놀라면서 한 걸음 물러서기 일쑤이다. 또래들과도 어울리고 싶어 하지만 쉽게 다가가지 못해 혼자서 지내기도 한다. 어려서부터 안정적인 대인 관계를 경험하지 못하면 다른 사람의 감정을 헤아리지 못하거나 자신의 행동을 사회 상황에 맞게 적절히 조절하는 능력이 부족해져서 또래들을 괴롭히기도 하고 사회적으로 위축되기도 한다. 그리고 이런 아이들은 집중력이 짧고 부산하며 정서적으로 불안정하여 학교생활에 적응하기 어렵거나 학업 수행이 저조한 경우가 많다. 또 참을성이 없는 행동이나 공격적인 행동으로 또래나 교사와의 관계에서도 문제가 발생한다.

트라우마가 뇌와 신경계에 미치는 영향

사람이 큰 충격을 받는 사건을 경험하면 자율 신경계의 균형이 무너진다. 자율 신경계는 스트레스의 대처와 관련해 중요한 역할을 한다. 자율 신경계는 교감 신경계와 부교감 신경계로 나뉘는데, 스트레스가 발생하면 교감 신경계가 활성화되어 심장 박동이 빨라지고 호흡이 얕아지며 근육은 긴장된다. 스트레스 상황이 마무리되면 부교감 신경계가 활성화되어 심장 박동이 느려지고 호흡이 깊어지며 근육은 이완되어 신체를 안정시키고 회복할 수 있게 한다. 어린 시절에 트라우마를 경험하면 사소한 일에도 교감 신경계가 쉽게 활성화되는데, 트라우마가 반복되거나 지속 기간이 길수록 교감 신경계의 민감성이 더욱 증가한다.

만성 스트레스나 트라우마로 인한 불확실성과 공포는 생존을 위한 뇌의 경보 시스템인 편도체를 과잉 활성화한다. 경보 시스템은 위험이 예상되는 상황에서 싸우거나 도망가는fight or flight 반응을 빠르게 시작하게 해 위험에 잘 대처하고 자기 자신을 지키게 하지만, 지나치게 민감해지거나 쉽게 활성화되는 상태가 되면 주변 자극이나 사람들에게 더 예민하게 반응하도록 만들기도 한다. 어릴 때 스트레스를 너무 많이 받거나 트라우마가 생기면 경보 시스템이 예민해져서 작은 자극이나 스트레스조차도 잠재적 위협으로 인식해 싸우거나 도망가는 반응을 보인다. 어릴 때 큰소리로 혼내거나 때리는 부모 아래에서 자란 아이들은 주변 사람들의 목소리가 조금만 커져도 깜짝깜짝 놀라면서 불안해하는 어른이 될 가능성이 크다. 아동기에 트라우마를 경험한 경우, 성인기까지 편도체의 과잉 활성이 관찰된다. 편도체의 과잉 활성을 낮추고 불안을 조절하는 것이 전두엽의 역할인데, 아동기에 부정적인 일을 많이 겪었거나 트라우마를 경험한 경우에는 전두엽의 발달도 느려지기 때문에 편도체의 과잉 활성을 낮춰주기가 더 어렵다.[28]

편도체가 과잉 활성화되면 불안이 뇌의 전체 기능에 영향을 주고 대뇌 피질의 생각하는 기능이 충분히 작동할 수 없게 된다. 그러면 '갑자기 선생님의 목소리가 커진 건 준성이가 몰래 핸드폰을 보다가 들켰기 때문이지, 내가 뭘 잘못해서 그런 것은 아니야' 하고 주변 상황을 인식하거나 판단하는 능력에도 어려움이 생긴다. '나한테 소리를 치신 것도 아닌데 내가 안절부절못하면 친구들이 더 이상하게 생각할 수도 있겠어' 하고 상황의 맥락을 읽어내거나 장기적인 결과를 예측하지 못한 채 현재의 위협에만 집중하게 된다.

어떤 사건이 트라우마가 되는가

부정적인 경험이 모두 트라우마가 되는 것은 아니다. 다른 사람들과 같은 사건을 겪었는데도 트라우마가 되어 남지 않는 사람들도 많다. 사건의 강도, 발생 시기와 지속 시간, 경험의 근접성(사건을 가깝게 경험한 정도), 사건이 삶의 전반에 영향을 미친 정도 등이 사건이 트라우마가 되는 데 주된 역할을 한다.[29] 생명을 위협할 정도의 강력한 사건이거나 성폭력처럼 개인의 존재 의미 자체에 영향을 주는 경우, 어린 나이에 경험하거나 반복 혹은 만성적으로 노출된 경우에 트라우마가 될 가능성이 크다. 또 사건을 목격한 경우보다는 직접 경험한 경우, 자신이나 가까운 사람에게 발생한 경우, 학교생활, 또래 관계, 가족 관계, 건강에 상당한 영향을 미치는 경우에 역시 트라우마가 생길 가능성이 크다. 때때로 사건 자체보다는 주변 상황과 뒤이어 발생하는 사건들이 더 외상적일 수도 있다. 성폭력을 당한 경험보다는 늦은 시간에 돌아다녔다고 혼내는 부모님이나 거짓 소문을 만들어서 퍼뜨리는 친구들이 트라우마를 더 깊게 만들 수 있다는 것이다.

아동 학대나 학교 폭력뿐만 아니라, 화재, 교통사고, 묻지마 폭행 등 사건과 사고가 많은 세상이다. 이러한 사건과 사고들은 아이들의 마음과 뇌에 흔적을 남기고, 감정, 행동, 인지 조절이 발달하는 데 영향을 준다. 내 아이뿐만 아니라 우리 사회의 아이들이 모두 건강하게 잘 자라도록 하기 위해서는 아이들이 안전하게 살 수 있는 사회를 만드는 것이 가장 중요하다. 그리고 트라우마를 당한 아이들이 세상과 사람에 대한 신뢰를 다시 형성하도록 믿을 수 있는 어른들이 따뜻하고 안정감 있게 지켜주는 것이 필요하다.

자존감과 회복탄력성
자기 조절의 든든한 밑바탕

　자존감은 스스로에 대한 자기 자신의 평가이다.《자존감 수업》을 쓴 정신건강의학과 의사 윤홍균은 자존감이 크게 3가지 축, 즉 자기 효능감, 자기 조절감, 자기 안전감으로 구성된다고 했다.[30] 자기 효능감은 자신이 쓸모 있는 사람이라고 느끼는 것, 자기 조절감은 자신의 삶을 자기 의지로 조절할 수 있다는 느낌, 자기 안전감은 혼자서도 안전하고 편안함을 느끼는 능력이다.

자존감이 자기 조절에 미치는 영향

　세상을 살아가며 마주치는 여러 사건에 휘둘리지 않고 버티는 힘은 자존감에서 온다. 외부 사건과 비난에 상처를 받을지 그렇지 않을지, 또 그 상처를 어떻게 얼마나 빨리 치유하는지는 자존감에 달려 있다. 자존감이 단단하고 높으면 상처가 될 만한 경험을 해도 덜 휘둘려 제자리로 금방 돌아올 수 있지만, 자존감이 낮으면 사소한 일에도 무너질 수 있다.

교육 심리학자인 로버트 리즈너Robert Reasoner는 자아 존중감이 높은 사람은 자신이 속한 집단에서 안정감과 소속감을 느낄 뿐만 아니라 새로운 것에 도전하고 문제가 생겼을 때 책임을 질 줄 아는 반면에, 자아 존중감이 낮은 사람은 실패를 두려워하며 모험하는 일이 적고 남을 지나치게 신경 쓰거나 의존하면서 스스로 문제를 해결해나가지 못한다고 했다.[31]

자존감이 높은 사람은 자신이 노력해서 뭔가를 성취해낼 수 있다고 믿는다. 그래서 어떤 일을 할 때 자신이 어느 정도 이상의 결과를 낼 수 있다는 기대를 할 뿐만 아니라, 실패해도 다시 일어날 수 있다는 믿음이 굳건하기에 실패를 두려워하지 않고 계속 시도한다. 게다가 실패나 좌절을 경험한 이후에도 부정적인 생각에서 쉽게 벗어나는 조절력까지 가지고 있다. 부정적인 피드백을 받았을 때도 좌절하기보다는 피드백을 반영해서 수정하고 성장한다.

스스로 괜찮은 사람이라고 믿기 때문에 어떤 사람이든 자기에게 어느 정도 호감을 느끼고 나쁘지 않게 대할 것이라 생각한다. 그래서 주변 사람들과의 관계에서 주도적·협력적 태도를 보이고, 갈등이 생겼을 때도 당황하지 않고 자신 있게 해결하는 등 관계에서의 조절을 잘할 수 있다. 또 다른 사람들의 평가에 크게 영향을 받지 않기 때문에 감정, 행동, 생각을 안정적으로 조절해간다. 반면에 자존감이 낮은 사람은 자신을 사랑하지 않기 때문에 스스로 쓸모 없다고 느끼거나, 마음이 편안하지 않아 자기 조절이 어렵다.

자존감은 자기 조절의 든든한 토대가 된다. 동시에 자신의 감정, 행동, 생각을 스스로 조절할 수 있다는 자신감은 자기 효능감은 물론 자존감까지 높인다. 이처럼 자존감과 자기 조절은 서로 영향을 주고받으며 성장한다.

아이와 함께 자라는 자존감

아이가 자라는 과정에서 경험하는 다양한 것들이 아이의 자존감에 영향을 준다.

첫째, 태어나서 첫 2~3년 동안 부모와의 관계에서 자존감의 기초가 형성된다. 갓 태어난 아이는 부모의 눈에 비친 자기 모습을 보고 자기가 어떤 존재인지를 인식한다. 부모가 자기를 보고 웃어주고 좋아해주는 모습을 보면서 스스로가 사랑받을 만한 존재라고 생각한다. 목을 가누고 기고 걷고 옹알이를 하고 말을 배워가는 모든 순간에 부모가 환호하고 칭찬하는 모습을 마주하며 자신이 무언가를 해나가는 과정이 의미 있다는 사실을 깨닫게 된다. 부모와 안정적인 애착을 형성한 아이는 세상은 안전한 곳이며 사람들이 자신을 좋아한다는 기본적인 신뢰를 경험한다. 이런 신뢰가 바로 자존감의 기초가 되는 것이다.

둘째, 아이가 자라면서 무엇인가를 꾸준히 해서 노력하고 발전하며 성취한 경험이 자존감에 영향을 준다. 아이가 자라면서 블록을 쌓고, 그림을 그리고, 태권도를 하고, 글자와 숫자를 배우는 모든 과정이 무언가를 배우고 익히며 성취하는 과정이다. 아이마다 언어, 인지, 운동, 사회성 등 각 영역의 발달 정도가 다르고, 발달 속도도 모두 다르다. 학교에 가면 배우고 익혀서 성장해야 하는 것들이 더 많아진다. 이처럼 무언가를 노력해서 해내고 또 인정받은 경험은 이후에도 스스로 노력해서 무언가를 해낼 수 있다는 자신감의 바탕이 된다.

셋째, 아이는 자라면서 가족보다 친구가 중요해지는 시기를 마주한다. 가족 안에서 사랑받는 것만으로는 부족하다고 생각하며 친구들과 어울리려고 한다. 놀이터에서 친구들과 함께 놀고 싶어 하고, 역할 놀이나 보드게임도 함께하고 싶어 한다. 청소년기가 되면 더 적극적으로 어울리는 아이들의 무리가 생기는데, 그런 아이들 사이에 끼고 싶어 한다. 이렇게 또래들과 잘 어울리는 경험은 아이에게 자신이 사회에서 많은 사람들과 잘 지낼 수 있다는 사회적 유능감social competence과 자존감을 키워준다.

회복탄력성이 자기 조절에 미치는 영향

회복탄력성은 아이의 자존감과 자기 조절에서 함께 영향을 주고받는다. 회복탄력성은 삶에서 역경이나 실패에 직면했을 때 좌절과 실의를 딛고 자신을 일으켜 세우는 능력과 태도이다. 회복탄력성이 좋은 사람은 사고가 유연하고 자신의 감정을 잘 통제하며 문제 해결 능력이 뛰어나고 회복도 빠르다.

※ 성준이(고1, 남)는 1학년 2학기 수학 기말고사를 망친 것 같아서 기분이 좋지 않았다. 중간고사를 잘 보지 못해 기말고사 준비를 정말 열심히 했는데, 기말고사가 너무 어렵기도 했고, 또 시간 배분에 실패해서 시험을 잘 못 본 듯했다. 수학은 내신 성적이 중요한 과목인데, 시험을 못 봐서 가고 싶은 대학을 못 갈까 불안하기도 하고, 공부를 더 열심히 하지 않은 자신에게 화가 나기도 했다. 하필 수학이 기말고사 첫 과목이었던 터라 기분이 좋지 않아 다음 날 시험공부도 잘 안될 것 같았다. 그래서 친구들과 무한 리필 돼지 갈빗집에 가서 고기를 실컷 먹었더니 한결 기분이 나아졌다. 성준이는 "고기를 실컷 먹었더니 기분이 좋아졌어요. 이제 내일 시험공부를 잘할 수 있을 것 같아요"라고 말했다.

성준이처럼 실패하거나 좌절했다고 느낄 때 툭툭 털고 일어나는 힘이 회복탄력성이다. 성준이가 기말고사 첫 과목인 수학 시험을 망쳤다고 우울해하거나 불안해하면서 안절부절못하거나 분노를 폭발하면서 엄마에게 짜증만 냈다면, 그다음 날 시험도 제대로 준비하지 못해 좋은 성적을 받지 못했을 것이다. 실패하거나 좌절했다고 느낄 때, 뭔가 뜻대로 되지 않을 때 성준이처럼 맛있는 음식을 먹고, 또는 친구나 가족에게 하소연하거나 수다를 떨면서 속상한 감정을 털어낼 수 있는 아이는 스스로 어려움을 극복하고 부족한 부분을 보완하며 앞으로 나아갈 수 있다.

회복탄력성이 높은 사람일수록 실수를 두려워하지 않고 자신의 실수를 모니터하며 알아차리고 수정해갈 수 있다. 실패나 좌절을 겪을 때도 스스로 극복할 수 있다고 믿기 때문에 우울해하거나 분노할 필요가 없다. 그래서 회복탄력성이 자기 조절에 중요한 역할을 하는 것이다.

회복탄력성이 발달하는 데는 아이가 자라면서 경험하는 것들이 영향을 준다. 우리가 좌절과 결핍을 견디면서 살아가는 힘은, 어린 시절에 어쩔 수 없는 좌절과 결핍을 겪었을 때 부모나 주변 사람들이 그 순간을 잘 견딜 수 있게 도와줬던 경험에서 나온다. 어려운 가정환경에서 자라거나 아동 학대를 당하는 등 성장 과정에서 트라우마를 겪었던 사람들 가운데, 올바르게 잘 자라서 자기 역할을 하고 또 주변 사람들을 돕는 사람에게는, 자신을 믿어주고 응원해주는 어른이 적어도 한 명 이상 곁에 있었던 경우가 많다.

디즈니+ 드라마 〈무빙〉으로 제60회 백상예술대상 TV부문 남자신인연기상을 수상한 배우 이정하는 JTBC와의 인터뷰에서, 과거 오디션에서 떨어지고 조급해할 때 엄마가 "아들은 아직 피지 못한 꽃이야. 언젠가 환하고 예쁘게 필 날이 있을 거야. 엄마가 그 옆에 늘 있을 테니 조급해하지 말고 지금처럼만 열심히 하면 돼"라고 말해준 것이 큰 힘이 되었다고 이야기한 적이 있다. 부모나 교사 혹은 주변의 어른들이 이런 말을 해준다면 아이가 회복탄력성을 키우는 데 큰 도움이 될 것이다.

디지털 미디어와 SNS

자기 조절 발달의 새로운 걸림돌

스마트TV, 스마트폰, 태블릿PC 등 스마트 기기의 사용이 늘어나면서 디지털 미디어와 SNS가 아이의 자기 조절 발달에 중요한 역할을 하고 있다. 디지털 미디어와 SNS의 사용을 조절하는 힘은 자기 조절에서 오지만, 동시에 역으로 디지털 미디어와 SNS의 사용이 자기 조절의 발달에도 영향을 준다.

영유아기의 미디어 노출이 자기 조절에 미치는 영향

영유아가 미디어에 장기간 노출되면 장단기적으로 뇌 발달과 인지 발달에 부정적인 영향을 준다. 물론 2세 이후의 아이가 적절한 주제의 영상을 부모와 함께 시청하는 것은 교육과 학습에 도움이 될 수도 있다. 그러나 하루 1시간 이상 길게 영상을 시청하는 것이나 영상을 틀어놓고 장난감 놀이를 하는 것과 같은 멀티태스킹은 집중력을 저하시키고, 실행 능력의 발달을 저해하며, 학습에도 나쁜 영향을 끼친다. 영상 시청은 부모와 아이의 상호 작용 시간을 줄이고, 상호 작용의 질까지 떨어뜨려 언어 발달을 느리게 만든다. 여기서 더 나아가 과도한 영상 시청은 아이의 신체 활동이나 야외 활동 시간을 줄어들게 해 비만, 수면 장애, 우울이나 불안 같은 정신 건강 문제를 유발하기도 한다.

영유아기의 미디어 노출은 감정 조절 능력을 저하시키고 공격성을 증가시켜 역시 전반적으로 자기 조절의 발달에 부정적인 영향을 준다. 한 연구에서는 3.5세 때 스크린 타임이 길수록 4.5세 때 말이나 행동을 조절하는 능력인 억제 조절이 저하됨을 발견했다.[32] 다른 연구에서는 2세 때 TV 시청 시간과 미디어 노출 시간이 더 적은 경우에 4세 때 자기 조절이 더 좋았으며, 4세 때 자기 조절이 좋을수록 6세 때 TV 시청 시간, 게임 시간, 미디어 노출 시간이 적다는 결과가 나타나서, 영유아기의 미디어 시청과 자기 조절이 서로 영향을 주고받는다는 사실을 보여줬다.[33]

이와 같은 부정적 영향 때문에 미국 소아과학회와 소아청소년정신건강의학과학회에서는 생후 18개월 미만의 영유아는 영상을 절대 시청하지 않도록, 2~5세는 하루에 1시간 미만으로 시청하도록 권고하고 있다. 이후에도 영상은 가능한 한 부모와 함께 시청하도록 하고, 아이가 어떤 영상을 시청하는지 부모가 알고 있어야 하며, 시청 시간에 대한 조절과 통제가 필요하다고 이야기한다.[34]

부모의 미디어 사용 vs 아이의 자기 조절

❋ 지호(생후 15개월, 남)는 이제 막 걷기 시작한 아이다. 최근에 지호의 부모는 이혼했다. 이혼 전의 어느 주말, 아빠가 지호를 보고 엄마가 설거지를 하던 때였다. 지호가 장난을 치다가 서랍에 손가락이 끼었다. 엄마는 설거지를 하다가 지호의 우는 소리를 들었고, 당연히 아빠가 지호에게 무슨 일이 있는지 확인하고 달랠 것이라 생각했다. 그런데 시간이 지나도 우는 소리가 그치지 않아서 달려가보니, 아빠가 게임을 하느라 바로 앞에서 아이가 손가락을 다쳐 우는데도 와보지 않은 것이었다. 이혼까지의 과정에는 여러 가지 이유가 있었겠지만, 지호 엄마는 이 사건을 결정적 계기로 이혼을 결심했다고 말했다.

최근 들어 부모의 스마트 기기와 미디어 사용이 양육에 미치는 영향이 커지고 있다. 부모가 스마트 기기와 미디어를 많이 사용할수록 자연스럽게 아이도 그 사용 시간이 길어진다. 그러면 부모가 아이의 스마트 기기와 미디어 사용을 조절하기도 어렵고, 당연히 아이의 자기 조절 발달을 도와주기도 어렵다. 요즘 많은 부모가 지호 아빠처럼 게임을 하거나 영상을 보거나 SNS를 하다가, 아이의 요구에 반응하지 못하거나 아이를 잘 돌보지 못하는 경우가 늘어나고 있다. 한 연구에서는 식당에서 부모가 영상에 몰두하고 있을 때 아이가 하는 말에 관심을 기울이지 않는다는 것을 발견하기도 했다. 부모가 빨리 반응해주지 않자 아이는 짜증을 내거나 반항적인 행동을 했고, 이에 영상 시청에 방해를 받은 부모는 아이를 더 가혹하게 혼냈다.[35]

SNS가 자기 조절에 미치는 영향

SNS는 사람들이 인터넷을 통해 가상의 커뮤니티에서 소통하고 정보를 공유할 수 있는 온라인 플랫폼이다. 인스타그램, 페이스북, X, 스레드, 틱톡, 유튜브, 카카오톡 등이 SNS의 대표적인 예이다. SNS는 여러 가지 방식으로 아이의 자기 조절 발달에 영향을 미친다.[36]

첫 번째, SNS는 우리에게 즉각적으로 큰 만족과 쾌락을 준다. SNS에는 먹방, 쇼핑, 여행, 게임, 유머 등을 포함해서 사람을 즐겁게 해주는 콘텐츠가 많다. 특히 유튜브 쇼츠, 인스타그램 릴스, 틱톡 등 1분 이내의 짧은 영상은 보는 것만으로도 곧바로 사람을 즐겁게 만든다. 다 큰 어른도 소파에 누워서 짧은 영상을 보다 보면 2~3시간이 후루룩 지나간다. SNS 속 짧은 영상에 익숙해지면 일상의 소소한 만족보다는 SNS에서 재미있는 영상을 보는 것이 더 즐거워진다. 16부작 드라마를 정주행하는 것보다는 유튜브에서 15분짜리 드라마 요약본을 보는 것이 더 편하다. 운동이나 등산을 하거나 뭔가를 배우는 것보다는 영상을 보면서 훨씬 더 쉽게 즐거움을 얻을 수 있다. 아이들은 더욱 그렇다. SNS를 통해 쉽게 즐거움을 얻을 수 있다 보니, 운동이나 등산처럼 시간을 들여 꾸준히 노력해서 결과를 내고 그 과정에서 즐거움을 얻는 것들이 점점 시야 밖으로 사라지고 있다. 기다림이나 인내 없이 쉽게 즐거움을 얻는 데 익숙해지면 장기적인 목표를 위해 노력하는 일이 어려워진다.

두 번째, 어른이든 아이든 SNS를 반복적으로 시도 때도 없이 확인하는 사람들이 늘어나고 있다. SNS를 수없이 사용하다 보니, 페이스북이나 인스타그램 아이콘을 보면 무조건 터치하고 싶고 타임라인을 내리고 싶은 욕구를 느낀다. SNS를 잠들기 전에 확인하거나 잠에서 깨자마자 확인하며 SNS가 일상생활의 루틴으로 자리한다. 걸어 다니거나 식사를 하면서도 SNS에 뭔가 새로운 것이 올라오지는 않았는지, 내가 올린 게시물을 사람들이 얼마나 읽었는지, 누군가 '좋아요'를 누르지는 않았는지 계속 확인한다. 공부하거나 과제를 할 때도 SNS를 확인하느라 주의가 흐트러지고, 친구들과 대화나 놀이를 할 때도 SNS를 확인하느라 집중이 어려워지는 등 SNS 때문에 목표 지향적 활동을 위한 자기 조절이 방해받곤 한다.

세 번째, SNS는 시간과 공간의 제약 없이 언제 어디서나 접근할 수 있다. 또 온라인을 통해서 수많은 사람과 다양한 수준으로 실시간 상호 작용이 가능하다는 특징이 있다. 그래서 현실에서는 또래와 잘 어울리지 못하는 아이도 SNS에서는 인기가 많은 아이일 수도 있다. 인스타그램은 하나의 ID로 여러 개의 서로 다른 계정을 만들 수 있는데, 아이들은 각각의 계정에 모두 다른 모습을 올리기도 한다. 또 인스타그램과 X 등 여러 SNS에서 서로 다른 정체성을 드러내는 아이들도 있다. 가끔은 SNS에서 알게 된 친구들과 더 깊게 연결되어 있다는 느낌을 받기도 하고, 오프라인에서 만나 함께 놀기도 한다. 그러면서 온라인과 오프라인의 경계가 모호해지고, 온라인과 오프라인에서의 자기 모습이 헷갈리기도 한다. 계속 온라인에 있는 것 같은 느낌, 온라인에서 생각하는 패턴, 온라인에서 더 깊은 관계를 맺는 것이 현실에 발을 딛기 어렵게 하고, 장기적인 목표에 맞춰 계획을 세우고 생각하는 일을 힘들게 하기에 자기 조절의 발달에 좋지 않은 영향을 준다.

네 번째, SNS 알림이 일상생활의 목표 지향적 활동을 방해한다. SNS 알림은 배경화면의 알림 표시(시각), 알람 소리(청각), 진동(촉각)의 서로 다른 형태로 등장해 동시다발적으로 우리의 감각을 자극한다. 그래서 손쉽게 SNS로 주의를 이끌어 진행 중이던 대화, 일, 활동이 대부분 중단되고 방해를 받는다. 실제로 카카오톡이나 인스타그램 DM 알림이 오면 곧바로 답을 해야 할 것 같고, 늦게 답하면 상대방이 싫어할지도 모른다는 부담감과 압박감을 느낀다.

이처럼 SNS는 다양한 방식으로 아이의 자기 조절이 자라는 데 영향을 준다. SNS를 과하게 사용하는 경우, 보상 회로에 속하는 뇌 영역들의 크기가 줄어들고, 아래쪽 선조체의 활성도가 증가하며, 위쪽 인지 회로의 기능이 흐트러지는 등 자기 조절과 관련된 뇌 발달에 영향을 끼친다는 연구 결과도 있다.[37] 그러므로 부모는 아이의 자기 조절을 위해서라도 SNS 사용에 대해 함께 생각해보고 고민해보는 과정이 필요하다.

콘텐츠가 자기 조절에 미치는 영향

스마트 기기와 SNS의 영향으로 누구나 콘텐츠를 만들어서 공유할 수 있는 세상이 되었다. 그러면서 조회 수를 올리기 위해 더 자극적이고 검증되지 않은 콘텐츠에 아이들이 무방비로 노출되고 있다. 초등학교 1학년 아이가 유튜브를 보고 '씨발'과 같은 욕을 흔히 사용하는 건 약과이다. 아이가 장난감을 소개하는 콘텐츠를 보고 가지고 싶다며 부모에게 떼를 쓰는 경우도 많고, 먹방을 보고 따라서 빠르게 많이 먹다가 식이 문제가 생기기도 한다.

가짜 뉴스, 성적이거나 공격적인 내용, 자살이나 자해와 관련된 콘텐츠에도 쉽게 노출된다. 물론 아이들도 스스로 생각하고 판단하는 능력이 있기에 콘텐츠의 내용을 무조건 따라 하지는 않는다. 하지만 반복해서 노출되면 이러한 콘텐츠에 무감각해지는 것은 사실이다. 2018년 봄에 청소년 대상의 프로그램에서 자해와 관련된 콘텐츠가 방영된 다음, 청소년 사이에서 SNS에 자해 상처를 공유하는 것이 유행했고, 이후 자해로 인한 청소년의 응급실 방문이 폭발적으로 늘었다. 콘텐츠 방영 전후로 자해로 인한 응급실 방문이 10~14세의 경우 인구 10만 명당 월 0.9명에서 3.1명으로, 15~19세는 5.7명에서 10.8명으로 증가했다.[38] 미디어 속 자해 콘텐츠는 청소년들에게 '자해는 해도 되는 것' 혹은 '자해는 멋있는 것'이라는 메시지를 전달했고, 심리적 어려움을 해결하는 방법으로써 자해를 청소년들에게 알린 역효과로 이어졌다. 2018년 이후로 청소년들 사이에서 자해가 매우 흔해졌으며, 학교와 가정에서 어려움을 겪을 때나 강렬한 감정에 압도될 때 자해를 쉽게 떠올리게 되었다. 디지털 미디어와 SNS 속 콘텐츠가 아이들에게 얼마나 많은 영향을 주는지를 단적으로 보여주는 예이다.

세상은 빠르게 변하고 디지털 미디어 속 세상은 더욱 빠르게 변한다. 디지털 미디어와 SNS가 아이의 자기 조절에 영향을 주기도 하고, 자기 조절이 아이의 디지털 미디어와 SNS 사용에 영향을 주기도 한다. 부모는 아이가 디지털 미디어와 SNS를 객관적으로 관찰하고 비판적으로 생각하도록 도와주고, 안전하게 사용하도록 지켜봐주는 태도가 필요하다. 이와 관련된 구체적인 내용은 5장을 참고하기를 바란다.

2부

아이의 자기 조절을
키우는 방법

4장

복잡한 뇌에
단순한
해법이 있다

자기 조절의 구성 요소인 감정 조절, 행동 조절, 인지 조절, 관계에서의 조절, 즐거움과 동기의 조절은 모두 우리 뇌의 기능이다. 자기 조절의 구성 요소들은 우리 뇌의 서로 다른 신경 회로가 담당하며 각각 다른 속도로 자라지만, 서로 밀접하게 영향을 주고받는다. 자기 조절을 담당하는 뇌의 신경 회로는 우리 뇌 가운데서 가장 마지막에 성숙되는 부위로, 청소년기를 지나 초기 성인기에 이르러서야 성숙이 완성된다. 특히 청소년기에는 감정을 느끼는 것을 담당하는 변연계의 발달이 완성되는 데 반해, 감정 조절을 담당하는 신경 회로의 일부인 전전두엽의 발달은 완성되지 않았기 때문에 아이는 감정적으로 쉽게 자극되고 불안정한 모습을 보인다. 이렇게 자기 조절이 뇌와 어떻게 연관되는지를 살피면 아이의 자기 조절을 더 잘 이해하고 도와줄 수 있다.

일러두기
이번 장에는 전문적인 용어가 다소 등장하므로
어렵게 느껴진다면 맨 마지막에 읽거나 넘어가도 괜찮다.

아이의 뇌 살펴보기

아이의 뇌는 태어나서 성인이 될 때까지 계속 자란다. 아이의 감정, 행동, 생각을 조절하는 뇌도 마찬가지로 성인이 될 때까지 계속 자라며, 사춘기를 지나면서 조절하는 뇌의 성숙이 완성된다.

출생 직후 아이의 뇌는 350g 정도로 1.4~1.6kg인 성인의 뇌에 비해 20~25%만 발달된 상태이다. 우리는 대략 1,000~2,000억 개 정도의 신경 세포(뉴런)neuron를 가지고 태어난다. 우리 뇌를 구성하는 기본 세포인 뉴런은 축삭 돌기axon와 수상 돌기dendrite로 구성된다. 축삭 돌기는 다른 신경 세포로 신호를 전달하고, 수상 돌기는 신호를 받는 역할을 한다. 이렇게 한 신경 세포의 축삭 돌기와 다른 신경 세포의 수상 돌기가 만나 서로 다른 신경 세포를 연결하는 부위를 시냅스synapse라고 부르며, 우리 뇌는 시냅스를 통해서 신호

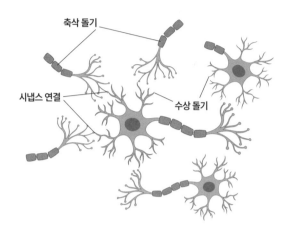

축삭 돌기

시냅스 연결

수상 돌기

를 주고받는다.

출생 전후로 우리 뇌는 시냅스가 폭발적으로 형성되고, 뇌 부위들 사이의 연결 회로를 만들어가면서 자라난다. 시냅스는 생후 2년까지 급속도로 증가해서 성인의 시냅스에 비해 50% 이상 많았다가 이후 점점 감소한다. 뇌 활용의 효율성을 높이기 위해 자주 사용하는 신경 회로만 남기고 사용하지 않는 신경 회로는 가지치기하는 것이다.

출생 후 10대까지 아이의 뇌 발달은 거의 다 이뤄지는데, 그중에서도 영유아기는 시냅스의 발달과 변화가 가장 많이 진행되는 시기이다. 6세까지를 결정적 시기critical period라고 하며, 이때 아이의 뇌는 성인 뇌 크기의 90%까지 성장한다. 이때 아이의 몸무게가 성인의 30% 정도에 불과하다는 것을 생각해보면 아이의 뇌가 얼마나 빨리 자라는지를 알 수 있다.

뇌의 가지치기와 수초화

  뇌가 자라면서 자주 사용하는 시냅스는 더 굵어지고 많아지는 반면에, 사용하지 않는 시냅스는 점차 사라지는 가지치기pruning가 일어난다. 농구를 열심히 하는 아이라면 신체 움직임 및 조절력과 관련된 신경 회로의 시냅스는 더 굵어지고 많아지지만, 관심 없는 음악과 관련된 신경 회로의 시냅스는 가지치기를 통해서 점차 사라지는 것이다. 가지치기를 통해 사용하지 않는 신경 회로들이 정리되면 신경 세포는 다른 신경 세포와의 연결 네트워크를 보다 정교화하고 효율적으로 만들 수 있다. 가지치기가 일어나더라도 남은 신경 세포들이 커지고, 연결성이 더 복잡해져서, 오히려 뇌는 크

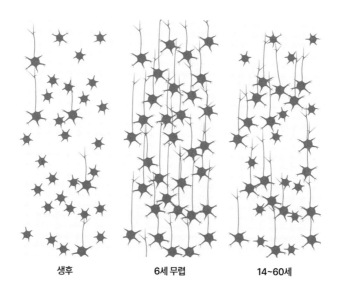

생후   6세 무렵   14~60세

기가 커지고 그 기능이 정교화된다. 이런 과정을 거쳐 아이의 인지 기능이 자라는 것이다.

뇌가 자라면서 신경 세포의 축삭 돌기에서 수초화myelination가 일어난다. 신경 세포의 축삭 돌기를 여러 겹으로 둘러싸고 있는 막을 미엘린 수초라고 하는데, 미엘린 수초는 신경 세포를 통해 전달되는 전기 신호가 새어 나가거나 흩어지지 않게 보호하고, 신경 세포들 사이에 정보가 더 빠르게 전달될 수 있도록 한다. 마치 전선의 피복처럼 전기 신호의 전달 속도를 빠르게 하기에 수초화가 잘 일어난 뇌 신경 회로는 뇌 부위들끼리 더 밀접하게 연결된다. 예를 들어 기억을 담당하는 해마hippocampus와 의사 결정을 담당하는 전두엽 사이에 수초화가 잘 일어나면 의사 결정에 기억과 경험을 훨씬 잘 활용할 수 있다.

뇌 부위마다 다른 발달 시기와 속도

뇌의 가지치기와 수초화는 뇌의 부위에 따라 발달 속도에 차이가 있다. 청각과 관련된 대뇌 피질은 임신 7개월에 시냅스의 농도가 최대치에 이르고 가지치기는 출생 전에 이미 시작된다. 출생 직후 아이의 청각 피질은 이미 성인의 청각 피질과 비슷한 정도로 발달하기 때문에 아이의 청력은 이미 성인과 거의 비슷한 정도가 된다. 그래서 생후 첫해부터 아이는 다양한 소리 자극에 반응하고 사람의 소리를 구별하며 언어를 배우기 시작한다.

아이가 어린이집이나 유치원에 다니는 시기에는 뇌의 시냅스 연결과 가지치기, 수초화가 활발히 일어나 감각, 운동, 언어, 인지 발달이 엄청난 속도로 이뤄진다. 3세까지 전체 뇌 발달의 약 80%가 이뤄지는데, 이는 다른 시기와 비교할 수 없을 만큼 폭발적인 성장이다. 또 이 시기에 아이는 일상에서 생활 습관과 자기 조절을 배우기 시작하며 사회성을 익힌다.

학령기의 아이는 학교에 다니면서 다양한 과목을 공부하며, 운동이나 음악, 또는 그림을 배우기도 한다. 학습과 풍부한 경험을 통해 생각하는 힘을 기르는 것이다. 그리고 다양한 친구를 만나면서 또래 관계가 확장되고 사회성을 키워간다. 7세 전후로 전전두엽이 급격히 성장하여 초등학교 아이들은 수업 시간 40분 동안 앉아서 집중하며 수업을 들을 수 있게 된다.

12~13세에 청소년기가 시작되어 뇌의 가지치기가 활발해져 뇌가 효율적으로 기능하면, 아이는 복잡한 논리적·수리적 사고가 가능해지고 다른 사람의 마음을 이해하는 능력도 자라게 된다. 그러나 전두엽의 앞부분으로 실행 기능, 충동 조절, 추론과 판단 같은 고차원적인 인지 기능을 담당하는 전전두엽의 경우, 생후 4년이 지나서야 시냅스의 농도가 최대치에 이르고, 5세경부터 가지치기가 일어나 청소년기 이후에 성인 수준의 발달을 완성한다. 청소년기에는 신경 세포들이 커지며 신경 세포들 사이의 연결이 풍성해지고 복잡해진다. 뇌 부위들 사이의 연결도 더 풍성해지고 복잡하게

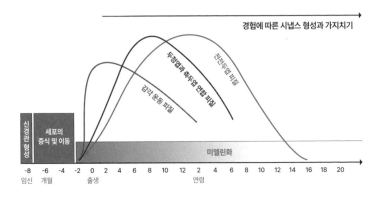

우리 뇌의 가지치기가 일어나는 순서. 출생 시에 이미 감각 운동을 담당하는 대뇌 피질의 발달은 어느 정도 이뤄져 있으며, 그다음으로 각종 정보를 통합하고 인지 기능을 담당하는 두정엽과 측두엽의 가지치기가 일어나고, 마지막으로 자기 조절을 담당하는 전전두엽의 발달이 일어난다.

바뀌면서 뇌의 다양한 영역들이 정보를 보다 효율적으로 처리하게 된다. 그러면서 아이는 훨씬 추상적·종합적인 사고와 판단이 가능해지고 자기 조절 역시 자란다.

뇌 발달과 자기 조절

자기 조절과 관련된 뇌 발달도 순차적으로 일어난다. 생명 유지를 담당하는 뇌가 가장 먼저 발달하고, 그다음으로 감정을 담당하는 뇌가 발달하며, 마지막으로 고차원적인 인지 기능과 자기 조절을 담당하는 뇌가 발달한다.

뇌간

호흡, 맥박, 혈압의 유지처럼 생존에 필요한 기초적인 기능을 담당한다.

변연계

감정을 느끼고, 기억을 회상하고, 기억에 감정을 입히는 역할을 담당한다. 불안이나 공포와 더불어 애착이나 사랑받고 있다는 느낌도 담당하며, 갑작스러운 위험이 닥쳤을 때 싸우거나 도망가는 반응을 보이는 것도 변연계의 역할이다. 변연계는 엄마 배 속에서부터 애착이 형성되는 시기인 생후 첫 3년간 매우 활발하게 자라며 청소년기까지 지속해서 발달한다.

전두엽

전두엽, 특히 전전두엽은 감정, 행동, 생각을 조절하는 데 가장 중요한 역할을 하는 뇌 부위이다. 주의 집중과 실행 기능도 전전두엽에서 담당한다. 전전두엽의 조절 기능이 잘 이뤄지는 상태에서는 주어진 상황의 정보를 종합해 이성적으로 판단하고 계획을 세워 실행하는 일을 잘할 수 있다. 또 상황에 맞게 감정을 잘 조절하고 잘 표현할 수 있다. 전전두엽의 발달은 청소년기를 지나 초기 성인기에 완성된다. 우리 뇌 가운데 가장 마지막에 발달이 완성되는 부위가 바로 전전두엽이다.

아이의 뇌와 자기 조절

전두엽이 하는 일

우리 뇌는 영역별로 담당하는 역할이 다르다. 청각이나 시각처럼 감각을 담당하는 영역, 언어를 담당하는 영역, 인지나 사회성을 담당하는 영역이 결정되어 있다는 뜻이다. 그리고 비슷하게 기능하는 뇌 영역들끼리는 서로 신경 회로를 통해서 연결된다.

우리 뇌에서 조절 기능을 담당하는 곳은 전두엽이다. 그중에서도 전두엽의 3분의 2를 차지하는 전전두엽은 여러 정보를 종합해 상황을 판단하고, 결과를 예측해 계획을 세우며, 이를 실천하는 역할을 한다. 다른 사람의 기분이나 감정, 상황을 이해하는 것도 전두엽이 하는 일이다. 화나 분노와 같은 감정과 이런 감정 아래에 숨겨진 욕구 및 충동과 행동을 조절하는 것도 전두엽의 일이다. 이처럼 전두엽은 일상의 일을 계획하고 실행할 뿐만 아니라, 신체 움직임, 감정, 행동 등을 모두 조절한다. 즉, 뇌의 여러 기능을 조절하는 지휘자이자 CEO의 역할을 하는 셈이다.

전전두엽과 신경 회로

전전두엽은 단독으로 작용하지 않고 뇌 안쪽의 선조체striatum, 시상thalamus과 함께 감정, 행동, 인지를 조절한다.[39] 선조체는 전전두엽의 신호를 받아서 실행하고 처리하는 역할을 하고, 시상은 뇌의 다른 부위에서 받는 다양한 감각 정보와 운동 신호를 모아 전전두엽이 보다 통합적으로 조절 기능을 수행할 수 있도록 한다.[40]

전전두엽은 서로 다른 역할을 하는 하부 영역으로 다시 나뉜다. 감정, 행동, 인지 조절과 관련된 뇌에 관한 연구는 계속 활발하게

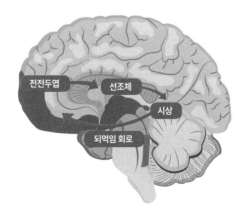

진행 중이어서 아직 전전두엽을 구성하는 하부 영역의 기능이 완전히 밝혀진 것은 아니지만, 대략 5~6개의 하부 영역으로 나뉜다 (161쪽 표 참고). 그러나 뇌의 구조와 기능 및 뇌 부위들 사이의 연결성을 측정하는 다양한 뇌 영상 연구들을 통해 전전두엽과 연결된 신경 회로들이 자기 조절에서 가장 중요한 역할을 하는 사실만큼은 잘 밝혀져 있다.

네덜란드의 정신건강의학과 의사인 오딜 반 덴 휴벨Odile van den Heuvel은 전전두엽과 연결된 신경 회로를 크게 5개로 구분했다.[41] 전전두엽과 연결된 신경 회로에 관한 연구는 계속 진행 중으로, 여러 회로가 동시에 감정 조절에 관여하기도 하고, 한 회로가 행동-인지 조절에 동시에 관여하기도 해서, 사실 전전두엽과 관련된 신경 회로를 정확하게 분류하기는 어렵다. 그러나 반 덴 휴벨의 분류는 전전두엽이 감정-행동-인지 조절에서 어떤 역할을 하는지 이해하는 데 직관적으로 도움이 되어 폭넓게 받아들여지는 편이다.

① **감각 운동 회로**sensorimotor circuit: 신체 움직임을 조절하고 감각 정보와 통합하는 역할을 한다.
② **전두엽-변연계 회로**fronto-limbic circuit: 아래쪽 안쪽 전전두엽ventromedial prefrontal cortex과 변연계를 연결하는 회로로 감정 조절을 담당한다.
③ **아래쪽 정서 회로**ventral affective circuit: 안와전두엽orbitofrontal cortex, 측좌핵nucleus accumbens, 시상을 연결하는 신경 회로로 무언가를 하고자 하는 동기를 부여하고 좋아하는 것을 적당히 멈출 수 있도록 한다.
④ **위쪽 인지 회로**dorsal cognitive circuit: 위쪽 바깥쪽 전전두엽dorsolateral

prefrontal cortex, 위쪽 안쪽 전전두엽dorsomedial prefrontal cortex, 위쪽 대상
회dorsal anterior cingulate cortex, 위쪽 꼬리핵caudate, 시상을 연결하는 회
로로 실행 기능과 메타인지를 포함한 인지 조절을 담당한다.

⑤ **아래쪽 인지 회로**ventral cognitive circuit: 아래쪽 바깥쪽 전전두엽ventrolateral
prefrontal cortex, 아래쪽 꼬리핵ventral caudate, 시상을 연결하는 회로로 억
제 조절을 포함한 행동 및 인지 조절을 담당한다.

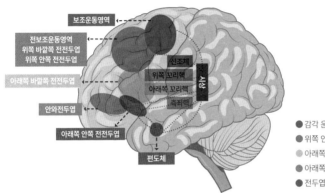

자기 조절을 담당하는 전전두엽의 하부 영역과 연결된 신경 회로

전전두엽의 하부 영역		연결된 신경 회로	기능
바깥쪽	아래쪽 바깥쪽 전전두엽	아래쪽 인지 회로	억제 조절
	위쪽 바깥쪽 전전두엽	위쪽 인지 회로	실행 기능과 메타인지
안쪽	위쪽 안쪽 전전두엽		
	아래쪽 안쪽 전전두엽	전두엽-변연계 회로	감정 조절
아래쪽	안와전두엽	아래쪽 정서 회로	동기 부여와 보상 회로

감정 조절과 관련된 뇌

전두엽-변연계 회로

아래쪽 안쪽 전전두엽은 변연계와 연결되어 감정을 조절하는 역할을 한다. 변연계 중에서도 편도체는 공포와 불안, 기쁘고 좋은 감정을 포함하는 다양한 감정을 만들어내고 처리한다. 편도체는 위험이 예상되는 상황에서 싸우거나 도망가는 반응을 빨리 시작하게 해 위험에 잘 대처하고 자신을 지킬 수 있게 한다. 하지만 지나치게 민감해지거나 쉽게 활성화되는 상태가 되면 주변 자극이나 주변 사람에게 더 예민하게 반응하도록 만들기도 한다. 편도체를 포함한 변연계를 아래쪽 안쪽 전전두엽과 연결하는 전두엽-변연계 회로는 편도체에서 생겨나는 감정을 조절하고 적당하게 표현하도록 이끄는 역할을 한다.[42]

처음에 불안이나 공포, 분노와 같은 감정이 변연계에서 생겨날 때는 전전두엽의 영향을 받지 않는다. 그러나 감정을 느끼고 생각하고 해석하고 반추하면서 감정이 지속되는 과정에서는 전전두엽의 영향을 받는다.[43] 편도체가 두려움과 공격성을 느끼고 표출할 때 전전두엽은 이러한 감정이 이 상황에 적절한 수준인지, 어느 정도로 표현할지를 판단하고 조절하는 것이다.

❋ 윤주(초1, 여)가 놀이터에서 친구와 놀고 있는데 갑자기 날개 달린 벌레가 날아왔다. 윤주는 벌인 줄 알고 쏘일까 봐 무서워

서 "아~악!" 하고 크게 소리를 질렀다. 이렇게 소리를 지를 때까지는 편도체가 주로 작용하고, 전전두엽은 아직 기능하지 않은 것이다. 일단 소리를 지르고 나서 다시 잘 보니 벌레가 벌이라고 하기에는 크기가 작았다. 자세히 살펴보니 주변에는 하루살이가 많이 날아다니고 있었다. 사실 윤주를 놀라게 한 것은 벌이 아니라 하루살이였다. 윤주는 하루살이도 벌레라서 싫은 건 매한가지이지만, 벌처럼 쏘지는 않아 안심되기도 하고, 소리를 지른 일이 민망하기도 했다. 이처럼 실제의 위험도를 합리적으로 판단해 그에 따라 자신의 감정 반응과 행동을 조절하는 것이 전전두엽의 역할이다.

윤주처럼 건강한 아이는 전전두엽이 변연계의 감정 반응을 조절한다. 이 과정에서 감정의 크기나 속도, 지속 시간이 어느 정도 조절된다. 반면에 감정 조절에 어려움이 있는 아이는 전두엽-변연계 회로의 연결이 감소하고, 전전두엽의 조절 기능이 부족해서 변연계에서 생겨난 감정을 잘 조절하지 못하는 것이다.

아래쪽 정서 회로
안와전두엽과 측좌핵을 연결하는 신경 회로는 보상에 반응하고 보상에 따라 행동을 결정하는 역할을 담당한다. 안와전두엽은 전두엽 중에서도 특히 안구 근처에 있어서 안와전두엽으로 불리는데, 안와전두엽과 연결된 아래쪽 정서 회로는 감각, 감정, 인지 간의 연결 속에서 자신의 감정과 행동을 조율하는 자기 조절의 핵심적인 부분을 담당한다.[44] 안와전두엽이 발달할수록 감정 조절 능력은 더욱 정교해지고, 아이는 욕구와 감정을 조절하며 행동을 스스로 자제할 수 있다.

❋ 도윤이(초2, 남)는 더러운 것이 손에 묻으면 아플까 봐 걱정되어 계속 손을 씻는 아이다. 필기구나 책, 책상이나 문손잡이 등을 만질 때마다 손에 세균이 묻은 것 같다며 손을 씻고 또 씻었다. 부모님이나 선생님이 정말 깨끗하게 씻었다고 말해도 도윤이는 세균이 손에 계속 남아 있는 것 같은 느낌이 들었다. 머리로는 손이 깨끗하다는 것을 알면서도 손에 세균이 남아 있는 것 같은 생각과 불안이 자꾸만 들었다. 이렇게 강박적인 생각과 불안이 더는 생겨나지 않도록 조절하는 것이 안와전두엽과 아래쪽 정서 회로의 역할이다.

안와전두엽에 문제가 생기면 적절한 의사 결정이 어려워진다. 알코올이나 마약, 인터넷 등에 중독된 사람의 뇌를 살펴보면 안와전두엽의 부피가 줄어들어 있고 신경 세포의 활성도도 저하되어 있다.[45] 이런 환자들은 자기 행동의 결과를 예측하면서 의사 결정을 하기가 힘들다. 안와전두엽의 이상은 강박증, 병적 도박, 자해, 식이 장애와 같은 다양한 조절의 문제와 연관된다.[46] 이를테면 폭식을 하면 다음 날 후회할 것을 알면서도 폭식을 하거나, 시험을 망칠 수 있다는 것을 알면서도 시험 전날 게임을 하는 것처럼 부정적인 결과를 예상하면서도 잘못된 선택을 하는 것이다.[47]

인지 조절과 관련된 뇌

인지 조절을 담당하는 뇌 부위는 전전두엽, 특히 그중에서도 바깥쪽 전전두엽이다. 바깥쪽 전전두엽은 집중력과 목표 지향적 행동을 담당한다. 목표를 정하고, 목표에 맞는 계획을 세우고, 계획을 실행해가면서 수정하고, 수정한 계획대로 실행해서 목표를 달성하는 과정이 모두 바깥쪽 전전두엽의 일이다.

위쪽 인지 회로

위쪽 인지 회로는 위쪽 바깥쪽 전전두엽, 위쪽 안쪽 전전두엽, 위쪽 대상회, 위쪽 꼬리핵, 시상을 연결하는 회로이다. 위쪽 인지 회로는 인지 조절에서 가장 중요한 뇌로, 인지 조절과 관련된 신경 회로들을 총괄하는 역할을 한다. 목표를 세우고, 목표를 달성하기 위한 계획을 수립하고 시행하는 데 있어 위쪽 인지 회로의 역할이 가장 결정적이다. 그리고 행동과 생각을 모니터하고 실수를 찾아내며 여기에 맞는 행동을 결정한다. 또 내부와 외부의 자극을 걸러내어 쓸데없는 주변 자극에 주의가 흐트러지지 않으면서 목표에 집중하도록 한다.

※ 태호(고1, 남)는 기말고사를 앞두고 해야 할 일이 너무 많아서 정신이 없다. 시험을 보는 과목이 7개로 많은 데다가, 수학 시험 범위에는 태호가 제일 약한 이차 함수가 포함되어 있어서 준비를 많이 해야 한다. 설상가상으로 시험 직전까지 국어와 영어 수행 평가도 해야 해서 공부할 시간이 너무 부족하다. 그래서 태호는 가장 먼저 시험 과목과 시험 날짜, 시험 범위를 확인하고, 가능한 시간과 해야 할 일 리스트를 정리했다. 그러고 나서 우선순위에 따라 해야 할 일 리스트에 있는 것들을 시간표에 적고 오늘의 공부를 시작했다. 이렇게 목표에 따라 해야 할 일을 파악하고 우선순위를 정해 계획을 세워서 그에 따라 실행하는 것이 위쪽 인지 회로의 역할이다.

위쪽 인지 회로는 인지 조절뿐만 아니라 감정 조절과 관련해서도 다양한 역할을 한다. 감정에 이름을 붙이고 다양한 인지적 전략을 사용해 감정과 행동을 조절할 때도 위쪽 인지 회로가 기능한다. 감정 반응의 시작, 속도, 지속 시간, 강도, 방식을 조절하는 것도 위쪽 인지 회로의 일이다.

아래쪽 인지 회로

아래쪽 바깥쪽 전전두엽, 아래쪽 꼬리핵, 시상을 연결하는 회로로 감정 및 행동에 대한 의식적 인지 조절을 담당한다. 아래쪽 바깥쪽 전전두엽은 억제 조절, 욕구 만족의 지연, 불필요한 생각의 억제와 같은 다양한 인지 조절을 담당하는 것으로 알려져 있다.[48] 또 목표 지향적 행동을 하는 동안에 의사 결정에서 우선순위를 판단하는 역할을 한다.

> ※ 서아(초2, 여)는 머릿속에 떠오르는 말을 거르지 못하고 다 하는 아이다. 그러다 보니 친구들이 서아의 말에 상처받는 경우가 종종 생겼다. 여름 방학이 끝나고 개학 날, 반 친구 아윤이에게 "너 왜 이렇게 살이 많이 쪘어? 방학 동안 먹기만 했나 보다. 뚱뚱보가 되었네"라고 말해서 아윤이를 속상하게 했다. 머릿속에 어떤 생각이나 느낌이 떠오를 때 잠깐 멈출 수 있어야 그 말이 상대방에게 상처가 될지 아닐지를 고려해서 말을 내뱉거나 내뱉지 않을 수 있는데, 서아는 말을 내뱉기 전에 잠깐 멈추고 생각하는 능력이 부족한 것이다.

잠깐 멈춰서 내가 하려는 말이나 행동의 결과, 다른 사람에게 미치는 영향 등을 평가하는 억제 조절은 아래쪽 바깥쪽 전전두엽과 연결된 신경 회로인 아래쪽 인지 회로의 역할이다. 아이의 뇌는 아직 자라는 중이고, 전전두엽도 자라는 중이어서, 억제 조절도 아이와 함께 자란다. 아이의 뇌는 성장 과정에서 경험하는 것들의 영향을 받으며 자라기 때문에 가정이나 학교에서의 훈육과 교육 혹은 사회성 치료와 같은 훈련을 통해서 일단 멈추고 한 번 더 생각하는 능력을 키울 수 있다. 그리고 그런 과정에서 아래쪽 인지 회로와 같은 뇌 신경 회로가 성숙하는 것이다.

ADHD의 뇌

ADHD는 전두엽을 포함하여 주의 집중력과 관련된 뇌 발달이 또래에 비해 늦어서 생긴다. ADHD 아이는 대뇌 피질의 성숙이 느리며, 특히 전두엽의 발달이 또래보다 느린 것으로 알려져 있다.[49] 다시 말해서 주의 집중을 시작하고 유지하는 능력, 주변에 방해물이 있어도 집중을 유지하는 능력 등 실행 기능을 담당하는 위쪽 인지 회로나, 말이나 행동을 하기 전에 한 번 멈추고 생각하는 능력과 욕구 만족의 지연 등을 담당하는 아래쪽 인지 회로의 발달이 느린 것이다.

ADHD 아이도 뇌 발달이 좋아질까?

아이의 뇌는 태어나는 순간부터 계속 자란다. 뇌 성숙이 일어나는 정도는 뇌 부위별로 다르며, 그중 가장 마지막으로 전두엽의 발달이 20대 초반에 완성된다. 청소년기는 전두엽의 가지치기가 가장 활발하게 일어나는 시기로, ADHD 아이의 뇌 역시 또래에 비해 느리지만 계속 자라고 있기에, 대부분의 경우에는 평균 8~9년에 걸쳐 정상적인 뇌 발달을 따라잡는다. 또 약물 치료가 뇌 성숙의 속도를 빠르게 한다는 연구도 있다. 그런데 모든 발달이 그렇듯 뇌 발달도 개인차가 있어서 성인이 되었는데도 주의력을 담당하는 뇌의 문제가 여전히 남아 성인 ADHD로 이어지기도 한다.

ADHD 아이의 뇌 발달이 느린 이유

ADHD 아이의 뇌 발달이 느린 데는 유전적 요인이 크게 작용한다. 여기서 유전적 요인이라는 말은 '부모로부터 유전되었다'라는 의미가 아니라, '유전자로부터 비롯되었다'라는 뜻이다. 키나 지능처럼 주의력에도 매우 많은 유전자들이 관여한다. 부모가 ADHD라면 자녀가 ADHD일 확률이 일반적으로 조금 증가하지만, 꼭 ADHD가 되지는 않는다. 이외에도 출생 전후로 뇌 손상이나 임신 중 알코올이나 약물 등에 노출이 있는 경우에도 뇌 발달에 영향을 받아 ADHD가 생길 수 있다.

보상 회로 알아보기

보상reward이란 어떤 행동을 했을 때 그 행동을 한 사람에게 주어지는 긍정적인 형태의 무언가이다. 아이가 심부름을 잘해서 엄마가 용돈을 주는 것도 보상이고, 기말고사 성적이 올랐다고 아이가 좋아하는 식당에 가서 맛있는 음식을 사주는 것도 보상이다. 아이가 무언가를 잘했을 때 쳐다보고 눈 맞추면서 웃어주고 잘했다고 칭찬해주는 것도 보상이며, 다른 사람이 주는 것뿐만 아니라 아이 스스로 느끼는 것들도 보상이다. 이를테면 노력해서 원하는 결과를 얻었다는 성취감, 다른 사람을 배려하거나 도와주는 사람이 되었다는 뿌듯함, 주변 사람들에게 인정을 받았다는 기쁨 등 이런 것들이 모두 아이가 마음속에서 스스로 느끼는 보상인 것이다.

보상은 사람에게 만족감을 주고 어떤 행동을 지속하게 하는 강력한 동기가 된다. 특정 행동에 뒤따르는 보상은 행동을 강화하는 기능을 하여 이후에도 비슷한 상황에서 그 행동을 하게 될 가능성을 증가시킨다. 이처럼 보상은 성취를 위한 강력한 동기가 되기도 하고, 상황에 자신을 맞추는 원동력을 제공하기도 한다.

중독addiction은 어떤 물질이나 행동(도박, 게임, 주식, 쇼핑 등)이 개인의 삶에서 현저하게 중요한 것이 되어, 자신 혹은 다른 사람에게 해를 끼치는데도 그것을 지속적·강박적으로 하게 되는 것이다. 중독은 뇌를 변화시킨다. 중독을 유발하는 자극은 보통 굉장히 강력한 것이어서 무언가에 중독된 사람은 그 자극을 생각하는 것만으로도 뇌의 보상 회로가 활성화된다. 반면에 길에 핀 꽃을 보거나, 맛있는 음식을 먹거나, 친구와 함께 수다를 떠는 등 소소한 것들은 뇌의 보상 회로를 활성화시키지 못하며, 인생의 소소한 행복도 느낄 수 없게 된다.

보상 회로에서 주로 작용하는 신경 전달 물질은 도파민이다. 중독된 사람의 뇌는 도파민이 조금만 부족한 상태가 되어도 즉시 보상을 찾아내라는 신호를 보낸다. 어느 기준 아래로 떨어진 도파민은 갈망craving을 일으킨다. 그리고 이러한 갈망은 중독된 물질이나 행동을 얻기 위한 노력으로 이어진다. 기대한 보상을 얻으면 보상 회로의 도파민은 기준선을 넘어서 증가하고, 기대한 보상이 나타나지 않으면 도파민은 기준선 아래로 떨어진다.

중독은 최종적으로 주어지는 보상의 크기와도 관련이 있지만, 보상이 언제 주어질지 모르는 예측 불가능성과도 관련이 있다. 도박하는 사람들은 언제 잭팟이 터질지 모른다는 기대로 계속 도박을 이어간다. SNS를 하는 아이는 자신이 올린 게시물에 대한 사람들의 반응이 잘 예측되지 않아 더 많은 '좋아요'를 기대하면서 자꾸만 SNS를 들여다보다가 중독이 된다.《도파민네이션》을 쓴 애나 렘키Anna Lembke는 이런 특성이 아이들의 SNS 중독을 유발한다고 말했다.[50]

보상 회로란 무엇인가

우리 뇌에는 보상이 행동에 영향을 미친다는 내용의 피드백을 담당하는 뇌 회로가 존재한다. 전전두엽, 측좌핵, 아래쪽 피개 영역 ventral tegmental area이 연결되어 보상 회로를 형성한다.[51]

보상 회로가 자극되면 도파민이 분비되고 즐거움을 느끼게 된다. 보상 회로의 도파민은 즐거움을 얻기 위한 행동을 하도록 동기를 유발하는 역할을 한다. 아래쪽 피개 영역의 도파민 세포는 측좌핵으로 다양한 보상 신호를 보내 행동을 하도록 동기를 불러일으켜 목표 지향적인 활동을 하게 만든다. 기말고사 성적을 잘 받기 위해 해야 하는 노력과 기말고사를 잘 봤을 때 받을 수 있는 보상을 비교해서 공부를 시작하는 것처럼 행동하고 싶은 동기를 불러일으키는 것이다.[52]

특히 아래쪽 안쪽 전전두엽과 안와전두엽은 의사 결정과 인지

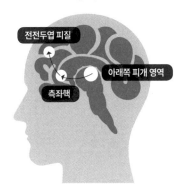

보상 회로

전전두엽 피질

아래쪽 피개 영역

측좌핵

조절을 통해 보상을 찾는 행동을 조절하는 역할을 한다.[53] 쇼핑할 때 눈앞에 보이는 물건이 갖고 싶어도 훔치지 않는 것은 훔치는 행동의 결과를 예측하기 때문이다. 이렇게 행동의 결과를 예측해서 보상을 위한 행동을 조절하는 것도 전전두엽의 일이다.

중독, 멈추지 못하는 아이의 뇌

중독은 보상 회로의 문제로 생겨난다. 술이나 약물, 도박이나 게임, 쇼핑이나 SNS 등과 같이 즉각적이고 강력한 자극을 경험하면 보상 회로의 도파민 분비가 늘어난다. 그리고 이런 강력한 자극을 반복해서 경험하다 보면 점점 익숙해진다. 예를 들어, 게임 중독인 아이라면 게임에 익숙해지는 것이다. 그런데 도파민은 무언가에 익숙해지는 순간부터 분비가 감소하는데, 이로 인해 아이는 평소에 기분이 나쁘고 허전한 상태가 된다. 게임을 하지 않을 때의 심심함과 허전함을 견디지 못하고, 게임을 할 때의 자극과 흥분에 대한 갈망을 느끼면서 게임만 하고 싶어 하게 되며, 그러다가 어느 순간 전두엽의 실행 기능과 조절 기능이 망가져서 보상 회로를 조절하지 못하는 단계인 중독이 일어난다.

물질이나 행위에 중독된 사람은 일상의 일에 대해서 보상 회로가 잘 작동하지 않기 때문에 일상의 소소한 일로는 기쁨과 즐거움을 느끼지 못한다. 술이나 약물, 도박이나 게임, 쇼핑이나 SNS 등과 같이 강력한 자극 가운데서 그 사람이 중독된 물질이나 행위가 가능할 때만 보상 회로가 급격히 활성화된다.[54] 알코올 중독자라면 술을 보거나 마실 때만, 게임에 중독된 아이라면 게임을 할 때만 보상 회로가 활성화되는 것이다. 우리가 흔히 '소확행'이라고 부르는 일상의 소소하고 확실한 행복들, 즉 주변 사람들로부터의 칭찬이나 인정, 격려, 스스로 느끼는 뿌듯함이나 성취감 같은 것들이 더 이상 보상 회로를 자극하지 못하고, 중독된 물질이나 행위만이 보상 회로를 자극할 수 있게 된다. 또 보상 회로를 조절하는데 너무 많은 에너지를 쓰면서 전두엽과 관련된 인지 기능뿐만 아니라 판단력이나 자기 조절도 점차 더 저하된다.

앞서 살펴본 마시멜로 실험과 같이, 지금 바로 작은 보상을 받거나, 아니면 시간이 지난 다음에 큰 보상이 주어지는 것과 관련된 상황을 우리는 살면서 적잖이 경험한다. 사실 아이가 대학 입시를 준비하면서 놀고 싶은 마음을 참아가며 수행 평가나 시험공부를 하는 이유는, 먼 훗날 주어질 큰 보상(원하는 대학에 입학)을 기다리면서 바로 눈앞의 작은 보상(지금 놀기)을 참는 것이다. 이렇게 즉각적으로 주어지는 작은 보상을 참고 지속해서 노력하는 능력이 자기조절에서는 매우 중요하다.[55·56]

보상 회로는 유혹이 주어지는 상황에서 활성화되며, 이때 실행 기능을 담당하는 위쪽 인지 회로도 함께 활성화된다. 그리고 두 네트워크가 활성화된 정도에 따라 아이가 지속적인 보상을 생각하며 참을 것인지, 아니면 유혹에 넘어갈 것인지가 결정된다. 예를 들어 보상 회로가 더 활성화된 아이는 밤새도록 게임하는 것을 선택하는 데 반해, 전두엽과 위쪽 인지 회로가 더 활성화된 아이는 기말고사 준비를 하는 것이다. 즉각적인 보상이 아닌 시간이 지난 다음에 큰 보상이 주어지는 것을 선택하기 위해서는 인지 조절을 담당하는 바깥쪽 전두엽과 위쪽 인지 회로가 잘 발달하는 것이 필요하다.[57] 이처럼 사람이 어떤 물질이나 행위에 중독이 될지를 결정하는 데 보상 회로를 조절하는 전두엽의 역할이 중요한 것이다.

무기력, 동기가 부족한 아이의 뇌

보상 회로의 또 다른 중요한 기능은 동기 부여motivation이다. 어떤 행동을 하는 것이 즐겁고, 하고 싶게 만드는 것이 동기이다. 그래서 동기가 부족한 아이는 재미있는 것도 없고, 하고 싶은 것도 없어서 무기력해진다. 무기력한 아이는 보상이 주어졌을 때도 아래쪽 피개 영역과 측좌핵이 잘 활성화되지 않는다.

보상 회로 가운데서도 특히 측좌핵이 동기 부여를 담당한다. 아이는 바라는 보상이 어느 정도 주어지겠다는 느낌이 들면 보상을 받기 위해 노력하는데, 이때 측좌핵의 활성도가 보상에 대한 기대와 비례해서 증가한다.[58] 이처럼 측좌핵은 보상을 기대하는 아이에게 무엇인가를 하고자 하는 의욕을 불러일으키는 역할을 한다. 아이는 좋아하거나 잘하는 영역에서 새로운 내용을 공부할 때 측좌핵을 포함한 보상 회로의 도파민이 증가한다. 보상 회로의 도파민이 증가하면 보상을 받으려는 동기도 강해지고, 보다 열정적으로 몰두해서 노력하게 된다.

반면에 무기력하고 의욕이 없는 아이는 측좌핵의 활성도가 낮아 보상을 찾아 나서는 일이 적다.[59] 아이는 보상이 주는 기쁨과 즐거움을 보상을 얻기 위해서 해야 하는 노력과 비교한 다음에 노력 여부를 결정한다. 기말고사를 잘 봐서 내신 성적을 잘 받고 싶다는 마음이 강하다면 혹은 기말고사를 잘 봤을 때 아이패드를 사준다는 부모님의 약속이 충분히 유혹적이라면, 아이는 기말고사 공부에 매진하게 된다. 그런데 무기력한 아이는 기말고사 성적, 아이패드, 칭찬 등과 같은 보상을 기대하면서 공부를 시작할 의욕을 내는 그 자체에 문제가 있는 것이다.

아이에게 딱 하나만 가르친다면, 자기 조절

5장

자기 조절이 남다른 아이로 키우는 방법

아이는 자라는 중이다. 아이의 뇌도 자라고 마음속의 생각과 느낌도 자란다. 그러면서 자기 조절도 자란다. 아이는 성장하는 과정에서 주변 사람들의 영향을 많이 받기 때문에 아이의 자기 조절이 자라는 데는 부모의 역할이 중요하다. 아이는 자신의 욕구와 필요에 섬세하게 반응해주는 부모와의 관계를 통해 감정을 다스리고 조절할 힘을 얻는다. 그리고 주변 사람들과의 상호 작용을 통해 옳고 그름에 대한 기준을 형성해간다. 또 부모가 삶의 위기와 좌절을 극복하는 모습을 보고 어려움을 이겨내는 강인함을 배운다.

좋은 관계에서
자기 조절이 시작된다

자기 조절의 기본 바탕, 정서적 안정감

아이의 발달에는 정서적 안정감이 무엇보다 중요하다. 사람은 감정의 지배를 받는 존재이다. 불안하거나 긴장되거나 스트레스를 받는 상황에서도 그 상황을 정확하게 판단하고 문제를 해결하며 새로운 것을 배우고 행동과 생각을 조절하는 능력은 모두 정서적 안정감에서 온다. 아이가 학습을 잘하려면 정서적 안정이 우선이다. 변연계가 흥분한 상태에서는 대뇌 피질의 생각하는 기능이 제대로 된 역할을 할 수가 없다. 부모님이나 선생님의 말씀을 집중해서 듣고 내용을 이해하고 정리해서 기억하거나 비판적으로 생각하려면 마음이 편안해야 한다. 불안하거나 긴장되거나 예민해진 상태에서는 학습 내용이 머릿속에 잘 들어가지 않는다.

훈육도 마찬가지이다. 아이가 흥분한 상태에서는 자신이 한 말이나 행동의 문제점을 이해하기가 어렵다. 흥분이 가라앉은 다음에야 자신의 말이나 행동을 돌아보고 보다 적절한 대처법을 찾아낼 수 있다.

영유아기와 학령전기의 아이는 부모와의 애착 및 신뢰 관계를 바탕으로 부모의 도덕적 기준을 내면화하며 양심과 도덕성을 형성해간다. 부모와 안정된 애착을 형성하고 친밀한 관계를 유지할수록 부모에게 사랑과 인정을 받고 싶은 마음이 크기에 자신의 욕구와 충동을 억제하면서 부모의 도덕적 기준을 따르고자 한다. 따라서 부모와 안정된 애착과 신뢰 관계를 형성하는 것은 도덕성 발달의 기본 토대가 된다.

정서적 안정감은 부모와의 안정된 애착과 좋은 관계에서 온다. 특히 생후 2~3년간 부모와의 관계가 어떠했는지에 영향을 많이 받는다. 부모와의 안정적이면서 교감하는 상호 작용은 아이가 자기감정을 스스로 다독이고 그것을 말로 표현하는 능력을 배우는 데 결정적이다. 영유아기에 아이가 뜻대로 되지 않는 상황에서 부모가 잘 달래줬던 경험은 자기 조절을 담당하는 뇌 부위의 발달을 촉진하며, 이후의 감정 조절과 행동 조절의 바탕이 된다. 아이에게 민감하게 잘 맞춰주는 부모나 양육자의 역할이 그래서 중요하다.

놀이가 중요한 이유

아이와 부모의 관계가 좋아지는 데 중요한 것 중 하나가 바로 놀이다. 아이가 부모와 놀이를 함께하면 안정된 애착 관계를 형성할 수 있을 뿐만 아니라, 부모도 아이의 마음을 더 잘 이해할 수 있다. 또 부모와 함께 놀이하기 때문에 아이의 놀이가 더욱 확장되며, 아이는 놀이 속에서 행동이 아닌 언어로 자기감정을 표현하는 능력과 다른 사람의 기분과 생각을 이해하는 능력을 키울 수 있다. 그래서 부모와 함께하는 놀이는 아이의 자기 조절이 자라는 데 큰 도움이 된다. 부모가 아이와 놀이할 때는 놀이 시간보다는 놀이 방법이 중요하다.

아이에게 놀이의 선택권을 준다

아이와 놀이를 할 때는 아이가 하고 싶은 놀이를 하는 것이 좋다. 아이가 그림을 그리자고 하면 그림을 그리고, 블록을 가지고 놀자고 하면 블록으로 놀이하고, 상상 놀이를 하자고 하면 아이가 주는 역할에 맞춰 놀이하면 된다. 가끔 아이가 좋아하는 놀이가 재미없다는 이유로 부모가 하기 편한 놀이를 선택하기도 하는데, 아이와 놀 때는 아이에게 놀이의 선택권을 주는 것이 효과적이다.

아이의 감정을 읽어주고 정서적으로 공감해준다

아이와 눈 맞추고 놀이하면서 아이의 마음을 이해하려고 노력한다. 그러면서 아이의 감정을 읽어주고 정서적으로 공감해준다. "블록을 높이 쌓고 싶었는데, 자꾸 무너져서 속상하구나"처럼 말이다. 상상 놀이를 할 때는 등장인물의 감정에 공감해준다. "티라노는 제일 힘센 공룡이 되어서 괴롭히는 친구들을 다 혼내주고 싶은가 보다." 이런 식으로 진행하면 된다.

놀이 시간은 잔소리하는 시간이 아니다

부모님 가운데 몇몇 분들은 해야 할 일이 딱히 정해져 있지 않은 놀이 시간에 잔소리를 모아서 하기도 한다. 특히 평소에 아이와 시간을 많이 보내지 않는 아빠가 모처럼 아이와 놀려고 하다가 "왜 이렇게 정리를 안 하는 거야?"라는 잔소리로 시작해 그간 지적하고 싶었던 것을 쏟아내기도 한다. 놀이 시간은 아이와 즐겁게 보내는 데 집중하고, 아이가 잘못한 점은 다른 시간에 따로 이야기를 하는 편이 훨씬 효과적이다.

놀이 시간은 학습하는 시간이 아니다

장난감의 사용법을 설명하면서 "이렇게 놀아야지", "저렇게 놀아야지"라고 말하거나, 놀이하면서 글자나 숫자, 알파벳 등을 가르치려고 하면 아이는 금방 놀이에 싫증을 내고 재미없어한다. 놀이 시간에는 자유롭게 아이가 하고 싶은 놀이를 하면서 즐겁게 보내고, 부모와 좋은 관계를 쌓아가는 게 더 좋다.

부모가 집중할 수 있는 만큼의 시간을 정해놓고 논다

끝나는 시간이 정해져 있으면 더 집중해서 놀이를 할 수 있다. 체력적으로 지쳤거나 할 일이 있는데 계속 놀이를 하면서 짜증을 내기보다는, 딱 정해놓은 시간만큼 놀이를 한 다음에 쉬거나 다른 일을 하는 것이 좋다. 타이머나 모래시계를 사용해서 아이가 남은 놀이 시간을 직접 볼 수 있도록 하면 효과적이다. 대신에 부모는 놀이를 하는 동안만큼은 다른 일을 하거나 핸드폰을 보지 않고 아이와의 놀이에만 집중한다.

아이의 마음을 읽어준다는 것

아이는 어릴수록 자기 마음속에 일어나는 감정을 말로 잘 설명하지 못한다. 그래서 아이가 느끼는 감정을 부모가 읽어주고 말로 표현해주는 것이 중요하다. 누군가 자신이 느끼는 감정을 말로 표현해주면, 아이도 자신의 감정을 말로 표현하면서 더 잘 조절할 수 있게 된다. 또 누군가 내 마음을 알아주고 이해해준다고 느낄수록 아이는 정서적으로 훨씬 가깝다고 생각한다. 평소 아이의 마음을 많이 읽어주고 서로 가깝게 지낸 부모일수록 잘못을 훈육할 때 아이가 훨씬 더 잘 따른다.

아이의 감정을 예상해서 말로 표현해준다

"유치원 끝나고 민철이랑 놀기로 했는데, 민철이가 아무 말 없이 가버려서 속상하구나", "그네를 타고 싶은데, 수민이가 계속 혼자만 타고 비켜주지 않아서 화가 났구나"와 같이 아이의 감정을 예상해서 말로 표현해준다.

숨겨진 감정이나 맥락을 읽어준다

아이가 속상해하거나 화를 낼 때, 겉으로 드러난 것 외에 숨겨진 감정이나 맥락이 있을 수도 있다. "민철이와 먼저 놀기로 한 사람은 너인데, 민철이가 하준이랑 가버려서 더 서운했구나. 민철이가 하준이만 좋아하는 것 같아서 걱정도 되고", "어제 네가 그네를 탈 때는 수민이에게 금방 양보했는데, 수민이는 안 그러니까 더 화가 났구나" 하고 숨겨진 감정을 찾아내어 읽어주는 것이 중요하다. 감정 조절이나 행동 조절이 어려운 아이는 우선 짜증이나 화를 내는 것으로 표현하는 경우가 많은데, 이런 짜증이나 화 아래에 숨겨진 아이의 진짜 감정을 발견해야 진정한 자기 조절을 키워줄 수 있다.

아이가 느끼는 감정이 당연하다고 공감해준다

공감의 가장 높은 단계는 "네가 느끼는 감정이 네 상황과 맥락을 고려할 때 당연하고 이해할 만하다"라고 말해주는 것이다. 아이가 부모에게 가장 위로받는 순간은 내 감정을 부모가 알아주고, 그렇게 슬프고 화나며 억울한 마음이 드는 게 당연하다고 말해주는 때이다. "그네를 타고 싶어서 30분이나 옆에서 기다렸는데, 게다가 너는 어제 수민이에게 양보도 했는데, 결국 못 타게 되어서 정말 많이 화가 났겠다. 누구라도 그런 상황에선 정말 화가 날 것 같아"라고 네가 느끼는 감정이 당연하다고, 다른 아이들도 그런 상황에서는 너처럼 속상할 것이라고 이야기를 해주면 아이가 느끼는 부정적인 감정이 조금씩 가라앉는다.

조절하기 어려운 감정은 가라앉을 때까지 기다려준다

아이가 크게 흥분했거나 감각 과부하 상태에서는 감정 읽어주기를 여러 차례 반복해야 할 수도 있다. 감정에 압도되어서 어찌할 줄 모르고 폭발하는 아이에게는 "너도 무섭구나", "너도 어찌해야 할지 잘 모르는구나" 하고 조절하기 힘든 마음을 거울처럼 비춰주는 것도 좋다. 아이의 잘못을 훈육하고 싶더라도 우선은 아이의 감정이 가라앉을 때까지 다독이면서 기다려야 한다. 마음을 읽어주는 과정을 통해서 아이의 감정이 가라앉게 되면, 아이가 상황을 조금 더 객관적으로 판단하고 문제를 해결하는 방법을 스스로 찾을 수도 있기 때문이다.

일상 속에서 감정 표현을 많이 하는 분위기를 만들어준다

만약 아이가 감정 표현을 잘 못 한다면 일상생활 속에서 부모가 자신의 감정 표현을 더 많이 더 적극적으로 시도한다. 날씨가 화창해서 기분이 좋다거나, 버스를 놓쳐서 속상하다거나, 동생이 너무 많이 울어서 정신이 하나도 없다거나, 엄마가 열심히 만든 음식을 가족들이 다 안 먹어서 서운하다거나 등 부모가 감정 표현을 일상생활에서 많이 하면 아이도 훨씬 편안하게 자기감정을 표현할 수 있게 된다.

아이에게 삶의 경계를 정확히 알려준다

❋ 규민이(6세, 남) 엄마는 아이 키우기가 항상 힘들었다고 했다.
규민이는 모든 것을 다 해주기를 바라는 아이여서, 6세가 된
지금까지 밥도 먹여주고, 양치질도 해주고, 양말도 신겨주고,
옷도 입혀줘야 한다. 세수하다가 눈에 물이 조금이라도 들어가
면 소리를 지르고, 스스로 해보라고 하면 짜증을 내면서 바닥
에 드러누우니 결국 엄마가 다 해주게 된다. 하필이면 아빠가
COVID-19 기간에 외국에 파견을 나가서 들어오지 못해 엄마
혼자 육아를 하다 보니 아이와 씨름하는 게 너무 힘들어서 그
냥 다 해주게 되었다고 했다. 그러다 보니 규민이가 엄마에게

187

반말로 "이거 해", "저거 해" 하면서 시키는데, 엄마는 여기에 대해서도 뭐라고 하기가 힘들다고 했다.

요즘에는 아이를 한두 명밖에 낳지 않고 귀하게 키우는 데다, 다른 어른들 없이 부모가 훈육을 도맡게 되면서 규민이 엄마처럼 훈육을 어려워하는 부모들이 많다. 그렇지만 아이가 잘못했을 때는 반드시 훈육해야 한다. 밥을 먹고 양치질을 하고 옷을 입고 양말을 신는 것을 아이가 스스로 할 수 있도록 가르쳐야 하고, 다른 사람에게 함부로 하거나 피해를 주는 행동을 해서는 안 된다는 것도 가르쳐야 한다. 부모가 제대로 훈육하지 않으면, 아이는 자기중심적이고 미성숙하며, 자주 분노를 폭발하거나 욕구를 참지 못하는 사람으로 성장할 가능성이 크다. 아이가 원하는 것은 무엇이든 하도록 허용하는 경우, 아이는 자신의 욕구를 자제하거나 만족을 지연시키는 방법을 배우지 못한다. 충동을 조절하는 자제력도, 타인의 욕구를 고려하는 법도 배우지 못한다. 나의 욕구를 위해 타인을 괴롭히거나 이용하기도 한다. 유치원이나 학교에 들어가서 적응하기가 어렵고, 선생님이나 친구들과도 잘 지내기가 힘들며, 실제로 다른 사람에게 피해를 줘서 문제가 될 수도 있다.

인생에는 하기 싫어도 해야 하는 일들이 있다. 자기 자신이나 다른 사람에게 피해를 주는 행동은 해서는 안 된다. 내 뜻대로 안 되는 일이 너무 많고, 실패와 좌절도 피할 수 없지만, 그런데도 살아가야 한다. 어린 시절의 적절한 좌절은 욕구 조절을 배우고 앞으로 경험할 어려움을 이겨내는 힘을 키워준다. 아이의 인생에서 부모의 역할은 해야 하는 것과 해서는 안 되는 것, 해도 되는 것과 하면 안 되는 것의 경계를 알려주고 가르쳐주는 것이다.

단호한 것은 끝까지 일관된 것이다

※ 지훈이(5세, 남)는 고집이 센 아이다. 가지고 싶은 것이 있으면 꼭 가져야 하고, 하고 싶은 일이 있으면 꼭 해야 한다. 마트에 가면 원하는 장난감을 사줄 때까지 장난감 코너에서 똑같은 자세로 서 있다. 잠을 자러 갈 시간인데 하던 놀이를 계속하고 싶다고 떼를 쓰면서 1시간씩 버틴다. 엄마가 달래도 보고, 화도 내보고, 소리도 질러보지만 어떻게 해도 말을 듣지 않는다. 결국 장난감을 사주기도 하고 1시간씩 놀게 내버려두기도 한다.

단호하다는 것은 무섭게 하거나 화를 내는 것이 아니라 끝까지 일관되게 아이의 행동을 제한하고 조절하는 것이다. 안 되는 것은 아무리 고집을 부리고 떼를 써도 안 되는 것이다. 그런데 많은 부모들이 지훈이 엄마처럼 아이가 끈질기게 요구하면 들어주고 만다. 아이가 끈질기게 요구했을 때 원하는 것을 들어주면, 다음번에도 아이는 고집을 부리고 끈질기게 요구하면 원하는 것이 주어진다고 생각하게 된다. 당연히 그다음에는 더 세게, 더 집요하게 고집을 부릴 가능성이 크다. 그래서 아이의 요구 가운데 들어줄 수 있는 것은 빨리 들어주고, 들어주지 않겠다고 결정한 것은 단호하게 끝까지 들어주지 말아야 한다. 처음에는 '엄마가 왜 저러지?' 하고 고집과 떼를 부리던 아이도 '아, 우리 엄마는 한 번 안 된다고 한 것은 어떤 일이 있어도 끝까지 안 되는구나'라는 사실을 깨달으면 오히려 말을 잘 듣게 된다.

아이가 원하는 것을 해달라고 혹은 해야 하는 일을 하지 않겠다고 떼를 쓰면서 감정적으로 흥분해 소리를 지르거나, 다른 사람을 때리거나, 위험한 행동을 한다면 이런 행동은 빠르게 중단시켜야 한다. 지훈이가 마트의 장난감 코너에서 고집을 부리며 서 있다면, 괜히 달래면서 긴 시간 씨름하기보다는 장난감을 사주기 어렵다는 사실을 명확히 말한 다음에 아이를 번쩍 안아 들고 빨리 마트를 빠져나오는 것이 좋다. 씨름하는 시간이 길어질수록 감정이 점점 더 고조되어 아이가 자신의 감정이나 행동을 조절하는 능력을 회복하기가 어려워지기 때문이다. 또 마트에서 소리 지르고 떼쓰는 행동 때문에 지나가던 사람들이 쳐다보거나 아이에게 말을 걸게 되면 관심이 보상으로 작용해 아이가 더 크게 소리를 지르고 바닥을 뒹굴면서 떼를 쓸 수도 있다. 만약 아이가 충동을 조절하고 욕구가 좌절되는 상황을 잘 견딘다면 칭찬과 격려를 해주는 것이 좋다.

부모의 단호하고 일관된 태도는 아이에게 어떻게 행동해야 하는지에 대한 명확한 방향성을 보여준다. 좌절에 대한 내성을 키우고 스스로 자신의 감정과 행동을 견디면서 조절할 수 있다는 자신감을 심어준다. 학령기가 되기 전, 아이는 부모의 가치와 도덕 규칙을 내재화해 내적인 규칙을 따르며, 자신의 행동에 대한 책임을 지게 된다.

※ 은율(초5, 남)이 부모님은 시간 약속 지키기를 정말 중요하게 생각한다. 그래서 항상 은율이에게 학교나 학원에 지각하면 선생님이나 친구들을 방해하는 것이고, 가족 모임이나 친구와의 약속에 늦으면 다른 사람들을 기다리게 하는 것이니, 시간 약속은 꼭 지켜야 한다고 강조했다. 시험을 잘 못 보고 성적을 잘 못 받아도 혼내지 않았지만, 시간 약속을 어기면 엄하게 야단을 치다 보니, 초등학교 3학년 때 이미 은율이는 절대 지각하지 않는 아이가 되어 있었다. 은율이는 조금만 더 자고 싶다고 떼를 부려도 받아주지 않고, 몸이 안 좋다고 말해도 들어주지 않는 부모님에게 속상하거나 서운했던 적도 많았지만, 그럴 때도 부모님은 일관되게 지각은 절대 안 된다는 태도를 보였다. 그래서 은율이는 부모님의 일관성 덕분에 스스로 시간을 더 철저하게 지키는 사람이 되었다.

일관되다는 것은 상황과 사람에 따라 원칙이 바뀌지 않고 한결같다는 것을 의미한다. 어떤 날에는 밥을 먹으면서 핸드폰 게임을 하지 말라고 혼내고, 다른 날에는 밥을 먹으면서 핸드폰 게임을 해도 내버려두는 것처럼 일관되지 않은 방식으로 훈육을 하면, 아이는 이 행동을 고쳐야 할지가 헷갈린다. 식사 시간마다 매번 핸드폰을 들고 부모님의 눈치를 보게 된다. 그래서 부모는 훈육하기로 마음먹은 행동에 대해서는 항상 아이에게 일관되게 대하는 것이 중요하다. 아이가 짜증을 내도 흔들림 없이 일관된 태도를 보여야 한다. 또 부모, 조부모를 비롯하여 양육에 관여하는 모든 사람이 같은 원칙을 지켜야 한다. 그래야 아이도 헷갈리지 않고 자신의 행동을 다듬어갈 수 있다.

부모가 먼저 감정 조절하는 모습을 보여준다

❋ 정민이(초2, 남)는 엄마에 관해서 물어보자, "우리 엄마는 나쁠 때도 있지만 착할 때가 더 많아요", "엄마랑 친하기는 한데, 아빠랑 더 친해요"라고 말했다. 엄마가 왜 나쁘냐고 물어보자 "음… 엄마가 거의 매일 저를 혼내니까요"라고 대답했다. 엄마는 매일매일 해야 할 일을 지시했을 뿐인데, 짜증을 내거나 화를 내면서 말할 때가 많아서 아이가 혼난다고 느끼는 듯했다. 또 정민이가 유독 예민하고 섬세한 아이라 엄마가 훈육할 때의 미묘한 말투나 목소리의 차이 등에도 민감하게 반응하는 것 같기도 했다.

아이에게 적절한 통제와 제한을 가르치기 위해서는 부모의 인내심 및 감정 조절이 가장 중요하다. 아이가 떼를 쓰고 잘못된 행동을 할 때, 소리를 지르거나 화를 낼 때 감정 조절을 가르쳐야 할 주체가 부모이기 때문이다. 부모가 화를 내거나 욕을 하면서 말하면 아이의 문제 행동보다는 부모가 화내고 욕한 것에 더 초점이 맞춰진다. 아이 가운데는 꾸중을 들은 것으로 잘못에 대한 벌은 이미 다 받았기에 행동을 고치는 추가적인 일까지는 할 필요가 없다고 생각하는 경우도 있다. 이처럼 부모가 감정을 조절하지 못하면 아이의 행동을 다룰 기회를 놓치기 때문에 차분한 목소리와 마음의 평정을 유지하는 것이 매우 중요하다.

어떤 때는 부모가 소리를 지르면서 화를 내는 것보다 오히려 경고하는 눈빛으로 말없이 쳐다보는 것이 더 무서울 수도 있다. 똑같은 말을 반복하는 것보다 짧고 간결하게 "지금은 양치질을 할 시간이야"라고 말하는 것이 더 단호하게 보일 수도 있다. 아이는 부모의 말이 아니라 행동을 보고 배운다. 지금 부모가 말하는 것을 해야 한다는 사실을 단호하게 전달할 뿐만 아니라, 화가 나는 상황에서도 감정은 조절해야 한다는 사실을 온몸으로 가르치는 것이다.

아이의 변화와 노력을 칭찬한다

부모는 아이가 자신의 지시를 잘 따르기를 바란다. 하지만 일상을 들여다보면 아이가 부모의 지시를 듣고 따르려고 노력해도 부모가 반응하지 않는 경우가 많다. 그러면 아이는 나름의 노력을 부모가 중요하게 생각하지 않는다고 느낄 것이다. 오히려 부모는 아이가 지시를 따르지 않으면 큰소리로 꾸짖고 야단을 친다. 이렇게 해서는 아이의 행동을 바꿀 수 없다. 아이가 부모의 지시를 따르려고 애쓴 노력에 대해서는 반드시 긍정적인 반응, 즉 칭찬이 필요하다. 아이의 행동이 100% 변화되지는 않았다고 하더라도 아이가 노력하고 있고 변화하고 있다는 것에 초점을 맞춰 칭찬해야 한다.

"중간고사 수학 시험에서 100점 맞으면 롯데월드에 가자"처럼 한참 뒤에 일어날 보상을 목표로 꾸준히 노력하는 일은 초등학교 고학년 이후의 아이들에게서만 가능하다. 어린아이일수록 어떤 행동을 했을 때 즉각적으로 칭찬이나 야단과 같은 반응이 주어져야 자신의 행동을 돌아보게 된다. '아, 내가 장난감 정리를 해서 칭찬을 받는구나', '내가 과자를 먹고 난 쓰레기를 바닥에 버려서 엄마가 화가 났구나' 등과 같이 말이다. 장난감 정리를 한 지 20분이 지난 다음에 칭찬하면 아이가 장난감 정리와 칭찬의 연관성을 잘 느끼지 못하기 때문에 행동을 변화시키는 효과가 작다. 그래서 아이가 바람직한 행동을 했다면 '즉시' 칭찬이나 인정을 해줘야 한다. 어깨를 두드리거나 가볍게 안아주거나 엄지손가락을 세워서 "최고! 최고!"라고 표현해주는 것도 좋다. 그리고 즉시 반응하는 것만큼 중요한 것이 '자주' 반응하는 것이다. 아이가 바람직한 행동, 특히 지금 변화시키고 싶은 목표 행동을 할 때마다 자주 반응을 보여주면 분명히 도움이 된다.

아이를 칭찬할 때 사용하면 좋은 표현

▶ "난 네가 ~~일 때가 좋단다."

▶ "네가 ~~한 것은 진짜 대단했어."

▶ "엄마는 네가 ~~한 것이 정말 자랑스러워."

▶ "~~하려고 네가 얼마나 노력을 했는지 알고 있어."

▶ "알고 있니? 6개월 전보다 네가 정말 많이 달라졌단다."

칭찬할 때는 아이가 노력했거나, 도움을 줬거나, 배려했거나, 새로운 것을 해냈거나, 성취한 일 등에 대해서 어떤 점이 마음에 들고 어떤 점을 높이 평가하는지를 명확하게 표현해야 한다. 부모가 느끼는 기쁨과 놀람을 자세하게 묘사하고, 아이의 노력을 인정한다는 의미가 담긴 표현을 사용하며, 아이를 존중하고 이해한다는 사실을 전해주는 말을 하면 된다.

아이에게 도움이 되는 칭찬의 예

▶ "오늘 저녁에 설거지를 해줘서 고마웠어. 설거지할 그릇이 정말 많았는데, 사실 엄마도 무척 피곤했거든. 네가 설거지를 해준 덕분에 일찍 쉴 수 있어서 너무너무 좋았어."

아이에게 도움이 되지 않는 칭찬의 예

▶ "넌 참 훌륭한 아이야." (무엇에 대한 것인지 모호한 칭찬)

▶ "넌 언제나 전교 1등이구나." (결과에 대한 칭찬)

▸ "넌 정말 천재야." (노력이 아니라 타고난 자질에 대한 칭찬)

▸ "네가 없으면 엄마가 어떻게 살겠니?" (상대방을 조종하는 표현)

아이의 나이와 상황에 맞게 훈육한다

※ 지우(생후 28개월, 여)가 뜻대로 안 된다고 떼쓸 때 아빠가 여러 번 이야기해도 마음대로 하려고 하면, 아빠는 지우를 방에 데리고 들어가서 훈육한다. 눈을 똑바로 보면서 "잘못했어요"라고 말할 때까지 화내지 않고 단호한 어조로 잘못을 지적한다. 지우가 스스로 잘못했다고 말할 때까지 안아주거나 달래지 않고 30분씩 기다리는 날도 많다.

28개월 아이에게 이렇게 긴 시간 동안 훈육하는 것은 너무 과하다. 또 아이한테 잘못을 인정하라고 하면서 실랑이를 하는 것보다는 "물건을 집어 던진 건 잘못된 행동이야. 앞으로 하지 마"라고 정확하게 잘못된 행동을 짚어주고 짧게 끝내는 것이 이 나이에는 더 적합하다. 학령전기의 아이가 잘못해서 벌을 주고 싶을 때는 생각하는 의자에 앉히거나 벽을 보고 서 있게 하는 타임아웃을 할 수 있는데, 이때도 3~5분 정도가 적당하다.

※ 민서(초1, 여) 엄마는 학교 참관 수업을 가는 길에 복도에서 민

서를 마주쳤다. 민서는 쉬는 시간이어서 친구와 놀고 있다가 엄마를 발견하고는 엄청나게 반가워하면서 뛰어왔는데, 엄마는 반겨주기는커녕 복도에서 뛰지 말라고 혼을 냈다. 민서는 엄마를 학교에서 만나 너무 반가웠는데, 엄마가 갑자기 혼을 내니 속상했다. 다른 엄마들은 웃으면서 반가워해주는데, 우리 엄마만 혼을 내니까 서운하기도 했다. 민서는 엄마가 또 지적할까 봐 참관 수업 내내 한 번도 뒤돌아보지 않았다.

참관 수업은 특별한 날이어서 아이들이 조금씩 신나고 흥분하는 것이 당연하다. 또 학교에서는 친구들 앞에서 아이의 체면을 배려해주는 것도 필요하다. 매일매일의 훈육과 특별한 날의 훈육은 달라야 한다. 일상의 훈육에서는 원칙과 약속을 일관되게 지키는 것이 중요하지만, 특별한 상황에서는 약간의 예외를 두더라도 아이의 마음을 다치지 않게 하는 것이 더 중요하다.

※ 서준이(5세, 남) 엄마가 요즘 가장 듣기 싫은 말은 "헐"과 "대박"이다. 언제부턴가 서준이가 이런 말을 쓰기 시작해서 엄마는 미운 말을 하지 말라고 매일매일 잔소리를 하는 중이다.

진료실에서도 보면 아이가 "헐", "대박", "망했어요" 등과 같은 말을 쓴다고 속상해하는 부모님들이 많다. 그런데 사실 이런 말은 요즘 아이들 사이에서 흔히 사용되는 말이다. 아이들이 시청하는 유튜브 영상에서 이런 표현들이 굉장히 빈번하게 나오기 때문에 아이들은 특별한 문제의식 없이 사용하는 경우가 대부분이다. 그렇다고 모든 영상의 시청을 금지하기도 어렵고, 유치원이나 학교에서 아이들이 이런 표현을 흔히 사용하는 상황이라 이에 대해 지적을 하거나 무조건 쓰지 말라고 해야 할지는 고민이 필요하다. 욕을 하거나 다른 사람을 때리거나 도둑질을 하는 등 누군가에게 피해를 주거나 법을 어기는 것처럼 절대적으로 훈육이 필요한 문제 행동도 있지만, 스마트폰 사용 시간, 귀가 시간 등과 같이 내 아이와 같은 또래 아이들의 기준을 한 번 더 알아보는 것이 필요한 경우도 많다.

아이가 잘 따르는 지시 방법

부모님들에게 훈육과 관련된 이야기를 하다 보면 아무리 말을 해도 아이가 지시를 따르지 않아서 훈육이 어렵다고 하는 분들이 종종 있다. 당연히 아이가 지시를 잘 따르게 하기란 어렵다. 아이가 부모의 지시를 잘 따르게 하기 위해서는 잘 따를 방법으로 지시해야 한다. 그래야 아이를 잘 훈육하면서 아이에게 자기 조절을 가르칠 수 있다.

① 문제 행동과 목표 행동을 구별한다

아이의 문제 행동, 즉 아이에게 지시하거나 바꾸라고 하고 싶은 행동의 가짓수는 아마도 매우 많을 것이다. 그러나 아이는 한꺼번에 여러 가지의 행동을 바꿀 수 없기에 중요한 문제 행동에 좀 더 집중해야 한다. 욕설을 사용하거나 다른 사람을 때리거나 도둑질을 하는 것과 같이 누군가에게 피해를 주거나 법을 어기는 경우가 가장 우선순위가 높은 고쳐야 할 문제 행동이다. 그다음으로는 빈번히 일어나거나 가족의 삶에 영향을 많이 주는 행동이 우선 목표 행동이 되어야 한다.

아이의 문제 행동 가운데서 이번 주의 목표 행동은 2~3가지로 정한다. '아침 8시까지 학교 갈 준비 마치기', '저녁 식사 시간 전까지 숙제 끝내기', '욕설하지 않기' 이렇게 3가지를 이번 주의 목표 행동으로 정했다면, 목표 행동에 대해서만 집중적으로 이야기하고, 나머지 문제 행동에 대해서는 주의를 덜 기울일 필요가 있다. 피아노 학원 선생님이 매일 30분씩 피아노 연습을 하라고 했는데 안 해서 답답하지만, 피아노 연습은 이번 주 아이의 목표 행동이 아니므로 잔소리하지 않고 넘어가는 것이다.

한 번에 많은 것을 지시해도 아이가 한 번에 여러 가지 행동을 바꾸기란 힘들다. 오히려 엄마가 더 중요하게 생각하는 지시가 무엇인지 알아차리기 어려울 가능성이 크다. 또 한꺼번에 너무 많은 것을 말하면 아이가 부담감을 느껴 아예 시작조차 안 하거나 포기해버릴 수도 있다. 그래서 문제 행동 가운데 가장 중요한 2~3가지

를 목표 행동으로 정해 집중적으로 이야기하라는 것이다. 그러고
나서 몇 주 혹은 몇 개월에 걸쳐서 아이의 행동이 어느 정도 자리
잡으면 그다음으로 중요하게 생각하는 문제 행동에 대해서 집중적
으로 이야기하면 된다. 이런 식의 과정이 차근차근 쌓이면 1년에
적어도 10~20가지의 행동을 바꿀 수 있다. 거듭 강조하지만 한 번
에 20가지의 행동을 1년 내내 이야기해서는 아이의 행동을 바꾸기
가 어렵다.

② 우선순위가 높은 행동을 정한다

문제 행동 가운데서 목표 행동을 정하기 위해서는 우선순위를
생각해야 한다. 엄마가 아이에게 지적하는 행동을 가만히 살펴보
면 생각보다 사소한 것이 많다. 준하(초1, 남) 엄마가 아이에게 매일
매일 지적하는 행동으로는 '아침에 사과 먹기'와 '허리를 세우고 앉
기'가 있는데, 이것은 준하의 다른 행동, 예를 들어 '학교에 지각하
지 않기'에 비해서는 우선순위가 낮은 행동이다.

그렇다면 우선순위가 되어야 하는 행동은 무엇일까? '동생 때리
지 않기', '할머니 할아버지에게 대들지 않기', '화날 때 소리 지르
는 대신에 말로 표현하기', '귀가 시간 지키기' 등과 같은 행동이다.
더불어 다른 사람에게 피해를 주거나, 위험하거나, 등하교나 게임
시간처럼 기본적인 일상생활과 관련된 행동이 우선순위가 되어야
한다.

⑨ 모호한 지시를 명확한 지시로 바꾼다

명확하지 않은 지시와 명확한 지시의 예

명확하지 않은 지시	명확한 지시
· 현관문에서 장난치지 마.	· 현관문을 열었다 닫았다 하지 마.
· 똑바로 앉아.	· 의자에 앉아서 발 장난을 치지 마.
· 친구들을 불편하게 하지 마.	· 친구가 말하고 있으면 끝까지 다 들은 다음에 네 생각을 말해.
· 짜증 내지 마.	· 소리를 지르지 마.
· 흥분하지 마.	· 스마트폰 사용 시간을 지키자.
· 약속 좀 지키자.	· 책장 위에 올라가지 마.
· 위험한 곳에 가지 마.	

준하 엄마가 준하에게 지적하는 것들 가운데는 언뜻 들어서는 어떻게 하라는 것인지 알기 어려운 모호한 지시가 많다. "현관문에서 장난치지 마"는 "현관문을 열었다 닫았다 하지 마"라는 보다 명료한 지시로 바꿀 수 있다. "짜증 내지 마", "흥분하지 마"도 부모마다 다른 의미로 사용하는 말이어서 정확하게 어떻게 하라는 것인지 알기가 어렵다. "친구들을 불편하게 하지 마"라는 말은 어떤 행동을 하라는 것인지 명확하지 않으면서 아이를 친구를 불편하게 하는 나쁜 아이라고 비난하는 것처럼 느껴진다. 아이에게 무언가를 지시할 때는 어떤 행동을 의미하는 것인지가 분명해야 하며, 지시 속에 비난이나 부정적인 감정을 실어서는 안 된다. 아이와 부모

모두 지금의 지시가 무엇을 말하는 것인지 명확히 알 수 있어야 하며, 처음 보는 사람이 듣기에도 무엇을 하라는 것인지 알 수 있을 정도의 지시가 좋은 지시이다.

④ 하나의 지시에는 하나의 목표 행동만을 포함시킨다

명확해 보이는 지시 가운데도 여러 가지 행동을 포함하는 지시가 있다. 예를 들어 '정리 정돈하기'는 엄마들이 가장 자주 적어오는 목록 중 하나인데, 여기에는 벗은 옷을 제자리에 걸기, 다 먹은 음식 그릇을 싱크대에 가져다 놓기, 책상 위의 책이나 학용품을 정해진 자리에 두기, 쓰레기는 쓰레기통에 버리기 등과 같은 많은 행동이 포함된다. 아이의 행동을 바꾸고 싶다면 문제 행동을 가장 작은 단위로 나눠 하나씩 이야기하는 것이 좋다. 여러 가지 행동이 뭉뚱그려서 포함된 지시는 아이의 마음에 부담감을 주고 행동을 시작하기 어렵게 만든다.

⑤ 부정적인 지시를 긍정적인 지시로 바꾼다

준하 엄마가 준하에게 지시하는 것을 적어와서 처음 봤을 때 깜짝 놀랐던 이유는 부정적인 지시가 매우 많아서였다. "뛰지 마, 양치질할 때 말하지 마, 장난치지 마, 소리 지르지 마, 친구들을 불편하게 하지 마, 귀에다 대고 소리 지르지 마, 짜증 내지 마, 발차기 하지 마, 미끄럼틀에 거꾸로 올라가지 마, 놀이터에 있는 모래 놀이 만지지 마, 흥분하지 마, 잠자는 시간에는 이야기 금지, 물장난 그만, "엄마 화장품 만지지 마…"는 모두 부정적인 지시이다.

부정적인 지시는 행동을 바꾸라는 지시처럼 들릴 수도 있지만, 사실 아이에 대한 비난으로 들리기 쉽다. 특히 짧은 시간 내에 동시다발적으로 부정적인 지시를 많이 하면 아이는 자기 자신을 '문제가 있는 아이'로 인식하게 될 가능성이 크다. 설령 비난이 아니라 지시로 이해하고 받아들였다고 해도 긍정적인 지시를 받았을 때보다 수행 확률이 낮아진다. 그러므로 부모는 아이에게 지시할 때 가능한 한 긍정적인 지시로 바꿔서 말하는 것이 좋다.

부정적인 지시와 긍정적인 지시의 예

부정적인 지시	긍정적인 지시
• 뛰지 마.	• 집에서는 사뿐히 걷자.
• 소리 지르지 마.	• 작은 소리로 말하자.
• 미끄럼틀에 거꾸로 올라가지 마.	• 미끄럼틀은 똑바로 타자.
• 양치질할 때 말하지 마.	• 양치질 다 하고 나서 말하자.

◎ **비난이나 부탁하는 말로 지시하지 않는다**

아이에게 지시할 때는 직접 간단하게, 그리고 사무적인 말투로 말하는 것이 좋다. "넌 왜 맨날 벗은 옷을 옷걸이에 안 걸고 바닥에 내버려두니?"와 같이 비난을 하거나, "넌 항상 숙제할 책 챙기기를 깜박하더라. 오늘은 잘 챙겨와라"와 같이 판단을 섞어서 지시하면,

아이는 지시 내용을 생각하기 전에 감정이 먼저 상하기 때문에 지시를 따르기가 싫어진다. "밥 먹은 그릇을 개수대에 가져다 넣어줄래?"와 같이 질문이나 부탁의 형식으로 말하는 것도 좋지 않다. 아이가 "싫은데요. 안 할래요"라고 말하면 엄마가 할 말이 없어진다. 반드시 해야 하는 일에 대해서는 "밥 먹은 그릇은 개수대에 가져다 넣어줘"처럼 명확하게 지시하는 것이 좋다. 부모 가운데는 이렇게 분명하고 단호하게 지시하면 아이가 혼난다고 생각할까 봐 걱정하는 경우가 많은데, 오히려 아이는 소리를 지르지 않고 비난을 섞지 않고, 짧게 차분하게 담백하게 하는 지시를 편하게 생각한다.

⑦ 한꺼번에 너무 많은 지시를 하지 않는다

"아빠는 너무 무서워요. 아빠가 2번 말했는데 안 하면 혼나요. 아빠가 씻고 양치하고 가방 싸고 감기약 먹고 자라고 했는데, 한 번에 많이 말해서 하다가 까먹었어요. 2개만 하고 '뭐였지?' 하고 있으면 아빠가 와서 여러 번 말하지 않게 하라고 혼내요."

준하의 말이다. 준하처럼 초등학교 1학년이 아니어도 ① 씻고 ② 양치하고 ③ 가방 싸고 ④ 감기약을 먹는 4개의 지시를 한꺼번에 하면 하나의 지시를 수행하는 중에 그다음 지시가 무엇이었는지 잊어버릴 확률이 높다.

아이들은 3~4세가 되면 대개 1~2개의 지시를 기억하고 따를 수 있다. 그러나 한 번에 2개 이상의 지시를 하면 모두 기억해서 수행하기가 어렵다. 주의력이 부족한 아이는 2개의 지시를 동시에 따르기도 어렵다. 여러 가지 행동을 순차적으로 해야 한다면 한 가지 지시를 하고 행동을 마친 이후에 그다음 지시를 하는 것이 좋다. 준하처럼 ① 씻고 ② 양치하고 ③ 가방 싸고 ④ 감기약을 먹는 4가지 행동을 해야 하는 상황이라면, 우선 씻으라고 지시하고, 씻고 나서 양치질을 하라고 지시하고, 양치질을 마친 이후에 "이제 가방을 싸자" 하고 지시하는 것처럼 말이다.

⑧ 아이가 부모의 말에 주의를 기울이고 있는지 확인하고 지시한다

부모가 아이에게 지시할 때는 아이와 시선을 맞춰야 한다. 게임을 하는 아이에게 지시하고 나서 왜 안 했냐고 화를 내도 소용없다. 게임에 몰두하고 있는 아이는 지시를 들은 적이 없는 것이나 마찬가지이다. 이름을 불러도 아이가 엄마를 쳐다보지 않는다면, 엄마가 아이의 시선이 머무는 곳으로 들어가거나 고개를 부드럽게 돌려서 엄마를 쳐다보게 한 다음에 지시해야 한다. 또 엄마 역시 집안일 등 다른 일을 하면서 아이를 쳐다보지 않고 지시를 해서는 안 된다. 엄마와 아이 모두 하던 일을 중단한 다음, 아이가 엄마에게 주의를 기울이고 있는 것이 확인되면 눈을 마주치고 분명하고 명확하게 지시해야 한다.

◉ 아이가 목표 행동을 하게 한다(feat. 지시를 따르게 하는 다양한 촉구법)

일단 목표 행동으로 정했다면 반드시 아이가 하게 해야 한다. 많은 부모님들이 "같은 말을 여러 번 반복해도 안 하는데 어떻게 해요?"라고 이야기하는데, 말로 하는 지시가 2~3번을 넘어가면 아이는 그냥 잔소리라고 인식할 가능성이 크다. 그래서 아이가 지시를 따르지 않는다면 부모가 움직여야 한다. 놀고 난 다음에 아이에게 장난감 정리를 시키는 상황을 예로 들어본다면 다음과 같다.

[1단계] 지시

▶ "장난감을 정리하자"라고 아이의 눈을 보면서 말한다. 아이가 정리를 시작하지 않으면 2~3분 후에 다시 한번 말한다.

[2단계] 언어적 촉구

▶ 아이가 움직이지 않는다면 "바닥에 있는 공룡 인형을 주워서 장난감 상자에 넣자"라고 보다 구체적으로 지시한다.

[3단계] 신체적 촉구

▶ 아이가 정리를 시작하지 않으면 아이의 손을 잡고 바닥에 있는 장난감 가까이 아이를 데려간다.

[4단계] 시각적 촉구

▶ 그래도 아이가 움직이지 않는다면 부모가 직접 공룡 인형을 주워서

장난감 상자에 넣는다.

이처럼 다양한 촉구법을 사용해서 아이가 목표 행동을 하게 만드는 것이 중요하다. 이러한 경험이 반복되다 보면 점차 촉구 없이도 지시를 따를 수 있게 되고, 시간이 지나면 행동이 몸에 배게 된다. 반복 행동이 습관이 되어서 더 이상 지시를 하지 않아도 자연스럽게 행동으로 나오는 것이다.

빼기의 훈육, 타임아웃

타임아웃time out은 아이가 잘못된 행동을 했을 때 그 행동을 잠시 중단시키고 다른 장소에 따로 있게 해서 조용히 자신의 행동을 돌아보게 하는 훈육의 한 방법이다. 타임아웃은 단순히 아이를 처벌하는 것이 아니라, 부모가 평상시 아이에게 쏟았던 돌봄과 관심, 칭찬과 격려를 잠시 멈추고, 아이가 다시 적절한 행동을 할 수 있도록 행동을 조절하는 기회를 주는 것이다. 스스로 돌아볼 시간과 공간을 제공해, 왜 벌을 받고 있는지, 다음번에는 어떻게 행동해야 할지를 생각해보게 한다.

타임아웃이 필요한 경우

타임아웃은 아이를 훈육해서 행동을 바꾸기 위한 것이기는 하지만, 엄연히 처벌의 한 방법이다. 그렇기에 아이의 문제 행동 감소를 위해 타임아웃이 꼭 필요한지 신중하게 고민해서 결정해야 한다. 한두 가지 정도의 분명한 문제 행동에 대해서만 타임아웃을 하는 것이 좋다. 타임아웃을 하는 경우는 대체로 다음과 같다.

- ▶ 물건을 던지거나 때리는 등 자신이나 다른 사람의 안전을 위협하는 경우
- ▶ 문제 행동으로 다른 사람의 관심(반응)을 얻고자 하는 경우

타임아웃은 학령전기의 아직 어린아이들에게 큰 효과를 발휘하는 훈육법으로, 초등학교 고학년 이후의 아이들에게는 일반적으로 적합하지 않다.

타임아웃의 효과를 배가시키는 방법

타임아웃을 제대로 시행하기 위해서는 평상시 부모와 아이의 관계가 좋아야 한다. 그래야 타임아웃을 하는 동안 아이가 부모로부터 관심과 반응을 받지 못하는 것이 속상하다고 느끼고 자신의 잘못을 돌아볼 수 있게 된다. 또다시 부모와 좋은 관계를 유지하고 관심과 반응을 받기 위해서 스스로 행동을 조절하려는 의욕을 가지게 되는 것이다.

타임아웃에 적합한 장소

미리 집 안에 한두 곳 정도를 타임아웃을 하는 장소로 정해놓으면 좋다. 생각하는 의자를 정해진 위치에 둬도 좋고, 조용한 장소를 정해서 벽을 보고 서 있도록 하는 것도 좋다. 타임아웃은 거실처럼 부모의 눈길이 닿는 곳에서 해야 하며, 부모가 없는 방에 아이를 혼자 두거나 문을 잠가서는 안 된다. 타임아웃을 할 때는 TV, 컴퓨터, 스마트폰, 게임기 등 아이의 흥미를 끌 만한 요소는 치우거나 꺼둔다. 아이가 차분하게 자신의 문제 행동을 조절해야 하기 때문이다.

타임아웃을 하는 시간

타임아웃 시간은 아이의 나이를 고려해서 정한다. 보통 1세당 1분 정도가 적당하다. 아이가 5세라면 5분 정도가 적당한 셈이다. 아이가 정해진 시간 동안 타임아웃을 한 다음에도 바뀌지 않으면 한 번 정도 더 할 수 있고, 최대 10분을 넘기지 않는다. 모래시계나 스톱워치를 활용해서 아이가 스스로 시간을 확인하게 하는 것도 좋다.

타임아웃의 원칙과 절차

① 어떤 행동을 할 때 타임아웃을 하게 되는지 미리 아이와 이야기해야 한다. 그때그때 부모의 기분에 따라 타임아웃이 일어난다고 아이가 느끼면 자신의 행동을 돌아보고 반성하지 않을 수도 있다.

② 아이가 문제 행동을 보이는 즉시 타임아웃이 이뤄져야 한다.

문제 행동을 하고 한참 지나서 타임아웃을 하게 되면 아이는 타임아웃을 왜 하게 되었는지 이해하거나 기억하지 못할 수도 있다. 시간적 연관성을 알 수 있게 바로 하는 것이 좋다.

③ 아이에게 말을 할 때는 단호하게 하되 소리를 질러서는 안 되고, 부탁하거나 요구하지 말아야 한다. 무엇 때문에 타임아웃을 하게 되었는지 직접적으로 간결하게 말하는 것이 좋다.

"엄마가 양치질하자고 했는데 네가 칫솔이랑 컵을 바닥에 집어 던졌잖아. 그래서 타임아웃을 할 거야. 여기 생각하는 의자에 5분 동안 앉아 있어!"

④ 타임아웃을 한다고 말하면 바로 타임아웃이 이뤄져야 한다. 아이를 생각하는 의자에 데려가서 앉히거나 벽을 보고 서도록 한다. 아이가 하지 않으려고 해도 손을 잡는 등 이끌어서 타임아웃이 이뤄지게 한다. 아이가 스스로 의자에 잘 앉아 있다면 그때 손을 놓는다.

⑤ 타임아웃을 하는 동안에는 아이에 대한 반응을 최소화한다. 눈을 맞추거나 웃어주거나 말을 걸거나 하지 않고 무표정한 얼굴을 유지한다. 화를 내거나 체벌도 하지 말고 아이가 "화장실에 가고 싶어요", "목이 말라요", "배가 아파요" 등의 핑계를 대며 엄마의 관심을 끌려고 해도 반응하지 않고 정해진 시간 동안 타임아웃을 한다.

⑥ 타임아웃이 끝나면 타임아웃을 하게 된 문제 행동에 대해 더 이상 왈가왈부하며 일장 연설을 늘어놓아서는 안 된다. 특히 "네가 무엇을 잘못했는지 말해봐"와 같이 사과나 인정을 요구하는 말은 하지 말아야 한다. 그저 간단하게 "앞으로는 물건 던지지 말자"나 "타임아웃 잘했어"라고 말하는 것이 좋다.

⑦ 아이가 집 밖에서 문제 행동을 일으키면 사람들의 왕래가 뜸한 곳으로 데려가거나 주차해놓은 자동차 안에서 타임아웃을 한다. "네가 소리를 지르고 물건을 던져서 3분 동안 타임아웃이야." 이렇게 말하고 옆에서 기다린다. 지나가는 사람들 보기에 창피해도 부모는 끝까지 침착하고 단호한 모습으로 기다려야 한다.

⑧ 감정과 행동을 조절하지 못하는 아이에게 타임아웃을 적용하는 과정에서 가장 중요한 것은 부모가 먼저 자신의 감정을 조절하는 것이다. 아이에게 소리를 지르거나 아이를 위협해서는 안 되고 차분함과 단호함을 유지해야 한다.

아이가 문제 행동을 한다면 아이 스스로 그것을 조절할 기회를 줄 필요가 있다. 타임아웃은 부모의 관심과 사랑을 일시적으로 중단하면서, 아이에게 자신의 행동을 조절할 시간과 공간을 주는 것이다. 타임아웃을 할 때는 아이를 처벌하는 것이 아니라, 아이 스스로 조절하는 힘을 키우는 것이 목적이라는 사실을 부모는 꼭 기억해야 한다.

자기 조절이 남다른 아이로 키우기 ①
감정 조절

효과적인 감정 조절 방법 4가지

어른이나 아이 모두 일상생활의 자기 조절에서 감정이 중요한 역할을 한다. 자기 조절을 못 하는 아이들은 합리적으로 생각하는 능력을 일시적으로 잃어버려 함부로 행동한다. 감정이 생각을 이기는 것이다. 우리 뇌의 변연계는 감정적으로 자극되는 상황에서 전두엽보다 먼저 반응한다. 그래서 아주 어린 나이의 아이들은 속상하거나 화가 나면 그런 감정을 바로 표현하지만, 시간이 지나면서 감정에 대한 반응을 조절해가며 성장한다. 즉, 감정 조절은 아이가 자신의 강한 감정 반응을 다양한 전략을 통해서 조절해가는 과정이다. 캐시 스탠버리Kathy Stansbury와 로라 짐머만Laura Zimmerman은 감정 조절 방법에는 환경을 바꾸려는 노력, 스스로를 다독이려는 노력, 주의를 다른 곳으로 전환하는 것, 인지 조절 전략 이렇게 4가지가 있다고 이야기했다.[60]

① 환경을 바꾸려는 노력

이 방법은 압도적인 감정을 유발하는 환경을 피하거나 바꾸거나 혹은 마음을 편안하게 해주는 환경으로 이동하는 것이다. 예를 들어, 사람이 많고 시끄러운 곳에서 불안이 확 올라온다면 그 장소를 피하는 것이다. 아이가 속상하거나 화가 날 때 부모에게 와서 달래달라고 하는 것도 이런 노력의 하나이다. 슬픔, 분노, 좌절 등과 같은 감정에 압도될 때 누군가가 꽉 안아주면 감정을 진정시키는 데 도움이 된다.

> ※ 민주(6세, 여)는 짜증이 많은 아이다. 마음에 안 들거나 뜻대로 안 되는 일이 있으면 사소한 일에도 짜증을 많이 내는 편이다. 그런데 얼마 전부터는 화가 나는 일이 있으면 볼풀에 들어가 누워서 스스로 감정을 다스리려고 한다. 민주는 볼풀 안에 누워서 공 속에 폭 파묻혀 있으면 마음이 편해진다고 했다. 엄마가 보기에도 민주가 짜증이 난 상태에서 볼풀 속에 누워 있다가 나오면 더 이상 짜증도 내지 않고 편안해 보인다고 했다. 민주는 환경을 바꿔서 감정을 조절하는 방법을 스스로 찾아낸 것이다.

② 스스로를 다독이려는 노력

스스로를 다독이기 위해 어린아이들이 흔히 하는 행동이 손가락 빨기와 손톱 뜯기이다. 이런 행동은 성장하면서 다른 행동으로 대체되어야 한다. 복식 호흡이나 버터플라이 허그처럼 자신의 신체 자극에 더욱 집중하면서 이완하는 방법을 배워두면 분노나 불안과 같은 감정에 압도당할 때 유용하게 사용할 수 있다. 복식 호흡과 버터플라이 허그는 3~4세의 어린아이들도 쉽게 배울 수 있는 방법이다.

복식 호흡

우리는 긴장하거나 화가 나면 숨을 더 얕고 짧게 더 자주 쉬게 된다. 이렇게 숨을 쉬면 긴장 상태가 점점 더 심해지므로 복식 호흡을 하면 도움이 된다. 먼저 편안히 앉은 상태에서 한 손은 배 위에, 다른 손은 가슴에 얹는다. 가능한 한 가슴은 움직이지 않고 배의 움직임에 집중하면서 숨을 천천히 들이마신다. 숨을 내보낼 때도 천천히 여러 번에 걸쳐 내보낸다. 들이마실 때는 풍선이 부풀어 오르는 것처럼 배가 빵빵하게 될 때까지 천천히 하고, 내쉴 때는 배꼽이 척추에 닿는다는 느낌으로 쭈그러들게 한다. 복식 호흡을 하다 보면 신체적 이완이 될 뿐만 아니라, 숨이 들어가는지 나가는지 자신의 신체 자극에 더 집중하기 때문에 머릿속에 떠오르는 부정적인 감정이나 생각을 덜 신경 쓰게 된다.

버터플라이 허그

견디기 어려운 불안이나 부정적인 생각, 분노를 조절하기 힘들 때 현실에 닿아 있도록 도와주는 방법이다. 내가 나를 안아주는 것처럼 양팔을 교차해서 가슴에 손을 얹고 손가락 끝을 쇄골 위에 얹은 후 손가락으로 나 자신을 토닥토닥한다. "괜찮아", "잘하고 있어"라고 말하면서 토닥여줘도 좋다. 이러한 동작이 마치 나비가 팔랑이는 모습과 같아 버터플라이 허그라고 한다. 속도는 자신이 편안하게 느끼는 정도로 하면 된다. 2~3분만 반복해도 마음이 안정된다고 하는 아이들이 종종 있다.

❸ 주의를 다른 곳으로 전환하는 것

화가 나는 등 감정을 조절하기 어려울 때 쉽게 주의를 전환시키는 자기만의 방법을 가지고 있으면 도움이 된다.

주의 전환에 도움이 되는 활동

· 일기 쓰기	· 보석십자수 하기	· 목욕하기
· 노래 부르기	· 종이접기하기	· 운동하기
· 악기 연주하기	· 퍼즐 맞추기	· 산책하기
· 음악 듣기	· 영화 보기	· 간식 사러 다녀오기
· 그림 그리기	· 드라마 보기	· 반려동물과 놀기
· 컬러링북 색칠하기	· 책 읽기	· 청소하기
· 캘리그래피 하기	· 노래방 가기	· 서랍 정리하기

❹ 인지 조절 전략

이 방법은 앞선 3가지 방법과는 달리 감정 자체를 정확하게 인식하고 직접 다룬다는 점에서 4가지 감정 조절 방법 가운데 가장 정교하고 효율적이다.

[전략 1] 감정에 이름 붙이기

어린아이는 감정을 정확하게 구별하기보다는 "마음속에 검은 덩어리가 있는 것 같아요"처럼 모호하게 부정적인 감정으로만 느끼고 압도되는 경우가 많다. 이럴 때는 슬픔, 분노, 억울함, 죄책감 등과 같이 자신이 느끼는 감정에 이름을 붙여주는 것만으로도 감정 조절에 도움이 된다. 감정에 이름을 붙이는 순간, 아이는 감정을 다룰 수 있게 되어 감정에 압도당하지 않을 수 있다. 감정에 이름을 붙이는 것은 학령전기 정도부터 가능하기에, 아이가 아주 어릴 때부터 부모님 등 주변 사람들이 "네가 정성껏 그린 그림을 친구가 망가뜨려서 속상했구나"와 같이 감정을 읽어주면 효과적이다. 초등학생 때는 〈인사이드 아웃〉 등 관련 영화를 아이와 함께 보면서 감정에 관해서 이야기를 나누면 좋다.

[전략 2] 다른 사람에게 이야기하기

아이가 자기감정을 감당하기 어려울 때 부모님이나 친구 등 다른 사람에게 이야기하는 것도 감정을 조절하는 좋은 전략이다. "엄마, 제가 유치원에서 블록으로 성을 멋지게 만들었는데, 주환이가 제가 만든 성을 망가뜨렸어요. 진짜 예쁘게 만들었는데, 친구들이랑 선생님이 보기도 전에 다 망가졌어요. 너무 속상하고 화가 났어요. 주환이가 미웠어요"라고 엄마한테 말로 풀어내면서 속상하고 화나는 감정이 줄어드는 것이다. 가끔 부모님들 가운데는 아이가 부정적인 감정을 말로 표현하는 것을 좋지 않다고 생각해 막는 분들이 있는데, 사실 부정적인 감정은 말로 표현하면 그 크기가 작아지고 더 조절이 쉬워지기 마련이다. 오히려 화를 참으면 마치 풍선처럼 터져서 폭발하거나, 심하면 우울하거나 무기력한 아이가 될 수도 있다.

[전략 3] 스스로 반박하는 말 걸기(인지적 재해석)

아이가 자라서 자기 생각을 알아차리고 돌아볼 수 있는 나이가 되면 스스로 자신의 감정을 달래는 말을 하는 것이 도움이 된다. 아이가 불안할 때 "괜찮아", "다 잘될 거야", "별일 없을 거야" 하고 불안을 낮추는 말을 하거나, 화가 났을 때 "어쩔 수 없지", "그럴 수도 있지", "이유가 있을 거야" 등의 말을 하면서 자신의 감정을 달래는 것이다. 이를 위해서 평소에 극단적인 생각과 지나친 일반화로 이뤄진 부정적인 생각에 반박하는 말을 거는 연습을 하면 효과적이다. 드라마 〈이번 생도 잘 부탁해〉에서 주인공이 19번의 생을 반복해온 원한을 끝내는 방법은 "이제 됐어"라고 말하는 것이었는데, 자기 자신에게 말을 거는 것이 스스로를 다독이는 데 얼마나 도움이 되는지를 보여주는 듯해 재미있게 봤던 기억이 난다.

부정적인 생각과 반박하는 말의 예

부정적인 생각	반박하는 말
발표할 때 다른 친구들이 나만 쳐다볼 것 같아. 너무 긴장돼.	생각보다 친구들은 내 발표에 관심이 없을 수도 있어. 나도 친구들이 발표할 때 가끔은 집중을 안 하기도 하잖아.
이번 시험을 잘 못 보면 입시에 실패할 거야. 그러면 내 인생은 망한 거야.	시험을 잘 보면 좋지만 못 본다고 인생이 망하지는 않아. 다른 방법을 찾으면 되지.
이어달리기를 하다가 넘어지다니, 친구들이 다 나 때문에 졌다고 생각해서 나를 한심하게 여길 거야.	달리기하다 보면 넘어질 수도 있지. 꼭 이겨야만 잘한 것은 아니야. 바로 일어나서 다시 열심히 달렸으니 나도 나름 노력한 거야.

[전략 4] 생각 미루기

부정적인 감정에 압도되어서 자기 생각을 돌아보기 어렵거나 부정적인 생각에 반박하는 말을 걸기 어려울 때는 '오늘 밤은 생각하지 말아야겠어', '기말고사 끝나고 다시 생각해봐야겠다'처럼 부정적인 생각을 미루는 연습을 하는 것도 도움이 된다.

아이들은 자라면서 자신에게 적합한 인지 조절 전략을 배운다. 모든 아이들이 같은 전략을 사용하지는 않으며, 각자 성향에 따라서 다른 방법을 찾아간다. 운동을 좋아하는 아이에게는 운동이 감정 조절에 가장 좋은 전략이 될 수 있고, 생각하기를 좋아하고 메타인지가 뛰어난 고학년 아이에게는 자기 생각에 반박하는 말을 거는 방법이 도움이 될 수 있다. 부모는 아이가 자신에게 적합한 감정 조절 전략을 찾을 수 있도록 함께 노력해야 한다. 부모가 아이의 마음을 읽어주고 감정 표현을 격려할수록, 아이가 자기감정을 더 잘 알아차리고 말로 더 잘 표현할 뿐만 아니라 공감 능력이 뛰어나며 문제 행동도 더 적다고 한다. 또 부모가 아이의 감정을 읽어주고 조절하도록 이끌어주는 노력은 부모와 아이 모두의 아래쪽 바깥쪽 전전두엽과 위쪽 바깥쪽 전전두엽의 감정 조절 회로들을 활성화시키고 전두엽의 감정 조절 기능이 자라도록 돕는다.[61]

아이와 함께하는 쉬운 명상

여전히 명상은 특별한 사람들만 하거나 조용히 앉아서 마음을 비우는 행위라고 막연하게 생각하는 사람들이 많다. 또 아이들에게 명상이 필요한지, 과연 도움이 되는지 의아하게 생각하는 사람들도 종종 있다. 그러나 명상은 생각보다 어렵지 않고 일상생활 속에서 쉽게 할 수 있다. 최근에는 아이의 자기 조절을 키우는 데 명상이 효과적이라는 연구 결과들이 늘어나고 있다.

명상은 차분하게 자기 자신을 되돌아보고, 현재 몸의 감각과 마음에서 생겨나는 감정과 주변에서 일어나는 현상에 주의를 기울이는 과정이다. 지금 무슨 일이 일어나고 있는지 단순하게 관찰하며 판단하지 않고 있는 그대로 받아들이는 것을 의미한다. 요즘에는 마음챙김mindfulness에 대한 관심이 늘어나고 있는데, 마음챙김은 잠시 멈춰서 즐거움이든 고통이든 마음속의 감정을 있는 그대로 관찰하고 수용하는 마음의 태도를 의미한다.

2024년 개봉한 영화 〈인사이드 아웃 2〉에는 주인공인 라일리가 아이스하키 경기를 하다가 머릿속에 불안한 생각이 폭주하면서 호흡이 가빠지고 심장이 빨리 뛰는 공황 증상을 경험하는 장면이 나온다. 그 후 불안이 줄어들기 시작할 때, 라일리가 자기 발을 한번 바라보고, 자기가 앉아 있는 벤치를 쓸면서 호흡을 고르고, 체육관 창문을 통해 쏟아지는 햇빛을 바라보면서 자신의 모습을 있는 그대로 받아들이는 장면이 나온다. 사실 이렇게 자신의 신체나 주변의 물체, 그리고 환경에 집중하는 것도 일종의 마음챙김이다.

마음챙김에 기반을 둔 감정 조절은 과거에 있었던 일이나 생각을 깊이 있게 파고들기보다는 지금 현재의 감각에 초점을 맞춘다. 물체, 장소, 감각에 집중해 관찰하면서 옳고 그름을 따지는 것을 멈추고, 지금 현재 평정심을 유지하는 것을 보다 중요하게 생각한다.[62] 마음챙김 명상을 포함한 명상은 아이의 불안과 우울을 감소시키고, 실행 기능을 개선할 뿐만 아니라, 전두엽-변연계 신경 회로의 직접적인 변화를 가져온다.[63] 그리고 감정 조절과 인지 조절을 키우는 데도 도움이 된다. 이어지는 내용은 가정에서 부모가 아이와 함께 쉽게 할 수 있는 명상이다.

호흡 명상

호흡 명상은 언제 어떤 상황에서나 쉽게 할 수 있다. 우리 몸의 호흡은 원래 무의식적으로 이뤄진다. 호흡 명상은 이렇게 무의식이 담당하는 호흡을 의식하는 것에서부터 시작한다. 눈을 감고 들숨과 날숨, 공기의 흐름에 집중하고 호흡의 과정을 느끼며 관찰하는 것이 호흡 명상이다. 명상을 하면서 하나의 감각에 집중하면 다른 고민이나 잡생각이 사라지고 신체의 변화를 관찰하며 마음이 평화로워진다.

아이와 함께 바닥에 편안하게 눕거나, 소파에 아늑하게 기대앉아 호흡을 느끼면서 명상을 한다. 학령전기나 초등학교 저학년 아이는 호흡의 흐름을 따라가면서 느끼기가 어려울 수도 있기 때문에 배 위에 작은 인형을 올려놓고 배의 움직임을 관찰하도록 하는 것도 좋다.

"편하게 누워서(앉아서) 두 눈을 살포시 감아. 눈을 꽉 감는 게 아니라 힘을 빼고 편안하게 감는 거야. 눈썹과 눈썹 사이의 긴장을 풀어보자. 양팔에 힘을 빼고 편안하게 내려놓자. 두 다리도 힘을 빼고 편안하게 내려놓는 거야.

이제 코로 숨을 들이마시고 천천히 입으로 숨을 내쉬자. 다시 한번 코로 숨을 들이마시고 입으로 숨을 내쉬자. 이번에는 숨을 들이마실 때 오른쪽 콧구멍에 집중해보자. 오른쪽 콧구멍으로 공기가 들어오는 것을 느껴보는 거야. 이번에는 반대로 왼쪽 콧구멍으로 공기가 들어오는 것을 느껴보자.

이번에는 손(인형)을 가슴에 올려놓고 숨을 들이마시고 내쉴 때 가슴의 움직임을 느껴보자. 코로 숨을 마시면서 가슴이 천천히 올라가는 것(인형이 움직이는 것)을 느껴보고, 입으로 숨을 내쉬면서 가슴이 천천히 내려오는 것(인형이 움직이는 것)을 느껴보는 거야.

이번에는 숨을 들이마시고 내쉴 때 배의 움직임을 느껴보자. (인형을 배에 올려놓고) 코로 숨을 마시면서 배가 천천히 움직이는 것(인형이 움직이는 것)을 느껴보고, 입으로 숨을 내쉬면서 배에서 천천히 바람이 빠지는 것(인형이 움직이는 것)을 느껴보자.”

물건 바라보기 명상

주변에서 쉽게 구할 수 있는 물건을 하나 정해 자세히 들여다보면서 몸과 마음을 차분하게 하고 자기 조절을 키우는 명상이다. 연필이나 물컵도 좋고, 돌멩이로도 가능하며, 공원을 산책하다가 벤치에 앉아 근처의 나무와 나뭇잎으로도 할 수 있다. 그리고 나뭇잎 사이로 쏟아지는 햇살을 바라보면서 바라보기 명상을 할 수도 있다.

“이 물건을 우리가 태어나서 처음 본다고 생각하는 거야. 어떤 물건인지, 언제 어디에서 누가 어떻게 왜 사용하는 건지, 우리는 모르는 거야.

우선 찬찬히 눈으로 관찰해보자. 길이는 어떤지, 색깔은 어떤지,

무늬는 어떤지, 글씨가 쓰여 있는지 살펴보는 거야. 그다음에는 손으로 만져보자. 단단한지, 부드러운지, 매끈한지, 오돌토돌하게 튀어나온 부분이 있는지, 차가운지, 따뜻한지 등을 손가락 끝을 가져다 대서 느껴보자.

소리도 들어볼까? 귓가에 물건을 가까이 대고 한번 흔들어보자. 무슨 소리가 나는지, 아니면 아무 소리도 나지 않는지 소리를 통해서 어떤 물건인지 느껴보자. 냄새도 맡아볼까? 특별한 냄새가 있는지 없는지 한번 느껴보는 거야.”

이렇게 아이와 함께 우리 몸의 모든 감각을 활용해서 어떤 물건을 관찰하다 보면 평소에는 무심코 지나치던 것들을 느낄 수 있다. 더불어 마음속에 몰아치던 감정과 생각이 차분하게 가라앉음도 느낄 수 있을 것이다.

먹기 명상

먹기 명상은 한 손에 잡을 수 있는 과자나 젤리 등 작은 음식을 들고서 찬찬히 살펴보고, 만지면서 촉감을 느껴보고, 냄새를 맡아보고, 마지막으로 맛을 음미하면서 천천히 먹어보는 것이다. 태어나서 처음 보는 음식이라고 생각하며 보고, 만지고, 냄새 맡고, 먹다 보면, 원래는 씹어 삼켜서 사라질 하나의 음식에 불과했던 것으로부터 이전에는 보지 못하고 느끼지 못한 것을 볼 수 있고 느낄 수 있다. 이러한 명상을 통해 일상에서 마주하는 여러 상황에서 이전에 알고 있던 것들을 모두 뒤로한 채 처음 보는 새로운 상황으로 느끼고 해석하는 경험을 하게 된다.

"이것을 우리가 외국에 가서 먹게 된, 태어나서 처음 보는 음식이라고 상상해보자. 우선 눈을 감고 이 음식을 손으로 만져보자. 촉감이 어떤지, 물렁물렁한지 단단한지, 매끈매끈한지 오돌토돌한지, 크기는 얼마나 큰지, 한입에 넣을 만한지 느껴보는 거야.
이번에는 눈을 뜨고 이 음식을 천천히 관찰해보자. 모양은 어떤지, 크기는 어떤지, 색깔은 어떤지 살펴보는 거야. 또 냄새도 맡아보자. 달콤한 향이 나는지, 고소한 향이 나는지, 아니면 아무 향도 나지 않는지 느껴보는 거야. 소리도 한번 들어볼까? 귓가에 가져다 대고 꼭 쥐어보거나 흔들어보자. 무슨 소리가 나는지, 아니면 아무 소리도 나지 않는지 귀 기울여서 들어보는 거야.
이제 맛을 한번 느껴볼까? 우선 혀에 조심스럽게 대보고 무슨 맛인지 느껴보자. 한번 깨물어보고 그다음에는 천천히 씹으면서 다른 맛이 나는지 느껴보자. 입속에서 질감이나 향이 변하는지도 느껴보자. 천천히 음식을 먹으면서 지금 음식을 먹고 있는 시간을 충분히 느껴보는 거야."

걷기 명상
아이와 함께 걷기를 하면서 발이 닿는 순간부터 떨어지는 순간까지를 관찰해보는 명상이다. 호흡과 마찬가지로 우리는 걸을 때도 별다른 생각을 하지 않는다. 걷기 명상을 하는 동안은 '지금, 여기'에 집중하며 우리의 몸에서 일어나는 감각 외에 다른 생각이나 감정을 덜 느끼게 된다.

"오늘은 엄마랑 함께 걸으면서 우리 몸이 어떻게 움직이는지를 관찰해보자. 평소와 똑같이 걷지만, 오늘만큼은 우리의 발과 팔이 어떻게 움직이는지를 느껴보자.

우선 발의 움직임에 집중해볼까? 오른발을 들어 한 걸음 걸으면서 발과 다리의 움직임을 느껴보자. 이번에는 왼발을 들어 한 걸음 앞으로 내디디면서 발과 다리의 움직임을 느껴보자. 이번에는 팔의 움직임에 집중해볼까? 우리가 걸을 때 오른팔은 어떻게 움직이고 있지? 앞뒤로 왔다 갔다 하고 있을까, 아니면 흔들리고 있을까? 왼팔은 또 어떻게 움직이고 있을까? 우리의 팔과 다리가 어떻게 함께 움직이는지도 한번 느껴볼까? 서두르지 말고 천천히 걸으면서 우리 몸의 근육들이 어떻게 움직이는지 한번 느껴보자.

걷는 동안 나의 호흡은 어떤지, 어떻게 숨을 쉬고 있는지도 한번 느껴보자. 또 걷는 동안 주변의 다른 사람이나 사물이 보일 수도 있고, 소리가 들릴 수도 있어. 무언가가 보이거나 들리면 잠깐 멈춰 서서 그것이 무엇인지 천천히 느껴보자. 충분히 관찰했다고 생각하면 다시 걸어도 좋고 그만 걸어도 좋아.

(그만 걷는다면) 이제 잠깐 제자리에 서서 천천히 호흡을 고르며

나만의 호흡을 느껴보자.''

운동이 가진 놀라운 힘

✻ 수혁이(4세, 남)는 말수가 많은 데다 에너지까지 넘쳐서 잠시도
가만히 있지를 못한다. 유치원에서는 대집단 활동을 할 때 제
자리에 앉아 있지를 못했고, 옆 반에 가서 수업을 방해하기도
했다. 놀이터에서 놀 때도 그네나 미끄럼틀에서 뛰어내려 다치
기도 하고, 주변을 살피지 않고 막무가내로 가다가 다른 아이
들과 부딪히기도 했다. 부모님은 수혁이가 혹시 ADHD가 아닌
지 걱정이 되어 병원을 찾았다. 사실 4세 아이에게는 ADHD 진
단을 쉽게 내리지도 않고 약물 치료도 거의 하지 않는다. 그래
서 부모님에게 제일 먼저 건넨 이야기는 수혁이가 운동을 많이
하도록 도와주라는 것이었다.

운동이 자기 조절을 키우는 데 도움이 된다는 것은 잘 알려진 사
실이다. 운동은 도파민과 다른 신경 전달 물질을 분비시킨다. 또 땀
을 흘리며 운동할 때 뇌의 영양제라 할 수 있는 뇌 신경 성장인자
Brain Derived Neurotrophic Factor, BDNF가 만들어져 뇌 발달을 돕는다.[64]
뇌 신경 성장인자는 신체 운동량에 비례해 분비되는데, 신경 세포
를 더 많이 만들게 하고 신경망의 연결을 강화한다. 특히 해마의 신

경 세포 생성과 회로를 촉진해 기억력의 호전 및 회복을 도와준다.

몸을 적절히 움직이는 신체 활동은 집중력과 침착성은 높이고, 충동성은 낮추며, 실행 기능의 발달을 이끈다. 신체 활동에 따른 신경 생리학적 변화나 감정 조절은 자기 조절의 발달에 중요한 역할을 한다.[65] 사춘기 이전의 아이들 가운데서 운동을 꾸준히 하는 아이들이 그렇지 않은 아이들에 비해 실행 기능, 인지 조절 능력, 인지적 유연성이 뛰어났다.[66] 청소년 가운데서도 교과 외 시간에 운동을 규칙적으로 하는 아이들이 그렇지 않은 아이들에 비해 언어, 수리, 추론 능력이 뛰어나다고 알려져 있다.

정말 안타깝게도 우리나라 청소년들은 운동 시간과 운동량이 모두 매우 적다. WHO(세계 보건 기구)가 2016년 전 세계 146개국 11~17세 청소년 약 160만 명을 대상으로 운동 상태를 조사한 결과, 운동 부족이 가장 심각한 나라는 한국(운동 부족 비율 약 94.2%)이었다. 대체로 국가의 소득 수준이 높을수록 운동 부족 비율은 낮아지는데, 한국은 특이하게도 소득 수준이 높았지만, 청소년의 운동 부족이 심각한 것으로 나타났다.

WHO는 5~17세 아동·청소년에게 매일 60분 이상의 운동을 권장하고 있다. 특히 성장기 청소년에게는 달리기와 자전거 타기, 수영, 축구 등 심장이 평소보다 빨리 뛰고 호흡이 가빠지는 정도의 유산소 운동이 꼭 필요하다고 강조한다.

수혁이 부모님께 운동이 아이의 자기 조절 발달에 중요한 역할을 한다고 이야기하자, 그럼 태권도장이나 수영장, 축구 교실을

WHO 연령별 신체 활동 기준

1세 미만 영아[67]	하루에 여러 차례 다양한 방식의 신체 활동을 해야 한다. 특히 바닥에서 다른 사람들과 상호 작용하며 놀이하는 것이 좋다.
1~2세 유아	하루에 180분 이상 신체 활동을 해야 한다. 중간 정도부터 격렬한 강도까지 다양한 신체 활동을 하는 것이 좋다. 운동량이 많을수록 좋다.
3~4세 아동	하루에 180분 이상 신체 활동을 해야 한다. 180분 중 60분은 중간 정도부터 격렬한 강도까지 다양한 신체 활동을 하는 것이 좋다. 운동량이 많을수록 좋다.
5~17세 아동·청소년[68]	하루 평균 60분 이상 중간 정도부터 격렬한 강도까지의 신체 활동을 해야 한다. 일주일 내내 고르게 유산소 운동을 하는 것이 좋다. 격렬한 강도의 유산소 운동과 근력 운동을 주 3회 이상 해야 한다.

보내야 하는지 곧바로 질문이 이어졌다. 사실 운동은 꼭 학원에 가서 배우지 않아도 된다. 아이가 부모님과 함께 자유롭게 뛰어다니면서 운동하는 것도 좋다. 나는 수혁이처럼 에너지가 넘치는 학령전기 아이의 부모님에게는 적어도 일주일에 한 번 이상 공원이나 놀이터에서 아이가 더는 지쳐서 뛰지 못할 때까지 같이 뛰면서 놀라고 이야기한다. 물론 함께 자전거를 타도 효과적이다. 그리고 운동 학원을 보낼 때는 태권도 품새 외우기, 수영 수업 진도 빼기 등 눈에 보이는 결과를 중요시하는 학원보다는 자유롭게 활동하는 시간이 많고 에너지 소모량이 많은 학원을 권한다.

운동을 싫어하는 아이는 포켓몬 GO처럼 야외에서 할 수 있는 게임을 하면서 많이 걷게 하는 것도 좋고, K-pop 방송 댄스 배우기도 좋은 운동이 된다. 이런 활동은 정신을 건강하게 하고, 행복감, 실행 기능, 학업 성취를 높여주며, 감정 조절, 행동 조절, 인지 조절을 포함한 자기 조절의 발달에 긍정적인 영향을 준다. 또 부모와 아이가 함께 운동이나 신체 활동을 하면 가족 간의 관계가 좋아지고, 특히 아이에게는 정서적인 안정감까지 줄 수 있다. 친구들과 함께 하는 축구나 농구, 야구와 같은 운동을 통해서는 신체 조절뿐만 아니라 협동심과 사회성까지 키울 수 있다.

행동 조절

뜻대로 안 되거나, 좌절의 상황이거나, 사람들과의 관계에서 갈등이 생길 때 감정을 바로바로 행동으로 옮기는 아이에게는 행동 조절을 가르쳐야 한다. 사회적 상황에 적합한 말과 행동, 또 하지 말아야 할 말과 행동이 무엇인지 지속해서 알려줘야 하는 것이다.

멈추고 생각하고 행동한다

마치 정지 버튼이 없는 것처럼 보이는 아이도 잘 찾아보면 어딘가에 정지 버튼을 가지고 있다. 부모는 아이가 정지 버튼을 찾아서 스스로 누르는 법을 가르쳐야 한다. 원하는 것이 곧바로 안 되거나

① 화가 났다는 것을 알아차리기   ② 행동을 멈추기

③ 껍데기 안에서 3번 심호흡하기   ④ 차분히 해결책을 생각할 수 있다면
                                              껍데기 밖으로 나오기

화가 나는 상황에서 멈춘 다음, 상황을 인지하고 생각한 후에 행동하는 방법을 말이다.

감정을 조절하기 위한 거북이 방법turtle technique은 미국에서 아이들에게 분노 조절을 가르치기 위해 흔히 사용하는 방법이다.

① 화가 났다는 것을 알아차리기

"거북이는 친구들과 놀기를 좋아하는 초등학교 1학년 아이인데, 친구들과 놀다가 다투면 소리를 지르거나 친구를 때려서 친구들이 속상해하고 같이 놀고 싶어 하지를 않아. 그래서 거북이는 친구들과 잘 지내고 싶어서 화를 가라앉히는 새로운 방법을 배웠어. 그건

소리를 지르고 싶을 때 혹은 손이 먼저 움직이려고 할 때를 빨리 알아차리는 거야."

❷ 행동을 멈추기

"소리를 지르거나 손을 움직이는 것을 멈춰야 해!"

❸ 껍데기 안에서 3번 심호흡하기

"거북이는 껍데기 안으로 쏙 들어가서 천천히 3번 심호흡하면서 마음을 가라앉히려고 했어. 너도 껍데기가 있다고 상상해봐. 화가 날 때는 껍데기 안에 쏙 들어가서 혼자만 있다고 상상하는 거야. 그 안에서 천천히 심호흡하면서 마음을 가라앉혀보는 거야."

❹ 차분히 해결책을 생각할 수 있다면 껍데기 밖으로 나오기

"차분하게 친구와 잘 놀 수 있을 때, 아니면 속상한 것을 친구에게 행동 대신 말로 표현할 수 있을 때 껍데기 밖으로 나오는 거야."

아이는 자라면서 스트레스가 가중되면 갑자기 억제했던 감정을 폭발적으로 표출할 수 있다. 최근에는 자해 행동처럼 충동적이고 자기 파괴적인 방식으로 감정을 해소하는 아이들이 점점 늘어나고 있다. 어린 시절부터 감정이 격앙될 때 자신의 감정 변화를 민감하게 알아차려 멈추는 방법을 연습하고 말로 잘 표현하는 방법을 배운 아이는 감정을 잘 조절하는 아이로 자라게 된다. 한번은 진료실에서 거북이 방법을 가르쳐줬던 초등학교 2학년 아이의 부모님이 다음번 진료에 와서 "엄마가 보기에도 화가 나면 거북이를 딱 해요. 그러고 나서는 마법처럼 OK를 하면서 넘겨요"라고 말한 적이 있다. 이처럼 거북이 방법은 멈추고 생각하고 행동하는 방법을 가르치고 훈련하는 데 유용하다.

규칙을 잘 지키는 아이로 키우기

아이는 부모가 보여주는 방향에 따라 도덕성을 형성해나간다. 그래서 아이가 아주 어릴 때부터 사회의 법과 내가 속한 집단의 규칙을 지키는 것을 가르쳐야 한다. 어려서부터 부모와 함께 규칙을 지키는 연습을 하면 규칙을 잘 지키는 아이로 키우는 데 도움이 된다. 아이가 자발적으로 규칙을 지키게 하고 싶다면 규칙이 필요한 이유를 잘 설명해야 한다.

"놀고 나면 장난감을 정리해야 해. 그래야 네가 다음번에 놀 때 어떤 장난감이 어디에 있는지 쉽게 찾을 수 있어서 기분 좋게 놀 수 있어. 그리고 다른 가족들도 네 장난감이 잘 정리된 모습을 보면 기분이 좋아져."

이렇게 나와 다른 사람 모두를 위해 규칙을 지켜야 한다는 사실을 설명해야 한다. 또 규칙을 지키지 않았을 때 어떤 일이 일어나는지 이야기해주는 것도 효과적이다.

> "키즈 카페에 있는 자동차 장난감을 네가 다 가져와서 쌓아두면 자동차를 좋아하는 다른 친구들이 자동차 놀이를 할 수 없어서 속상할 거야. 우선 2개만 가지고 와서 노는 건 어때? 다 놀고 나서 다른 자동차 장난감으로 바꾸자."

규칙을 정할 때 아이와 함께 정하면 아이가 책임감을 느끼고 이를 지킬 확률이 높다. 아이와 함께 가정에서 필요한 몇 가지 규칙을 만들어보고, 이를 함께 지키는 연습을 한다. 하루에 장난감 정리는 몇 번을 할지, 언제 할지 등과 같은 규칙을 아이와 의논해서 정하면 아이는 더 잘 지키기 위해 노력할 것이다. 이때 너무 많은 규칙을 만들면 아이가 강압적이라고 느낄 수 있으니 적절한 조절이 필요하다. 때때로 아이는 정해놓은 규칙을 잊어버릴 수도 있다. 또 실수로 규칙을 어기기도 한다. 따라서 부모는 끈기를 가지고 아이에게 규칙과 규칙의 중요성에 대해 알려줘야 한다.

실패를 넘어서는 아이로 키우기

어려움을 이겨내고 성장하는 능력만큼 중요한 능력이 실패를 극복하는 능력이다. 그리고 실패와 좌절을 견디는 능력은 자기 조절에 꼭 필요한 능력이다. 좌절 상황에서도 분노가 폭발하거나 감정의 기복을 보이지 않고, 오히려 실패를 받아들여 상황에 잘 대처하는 사람이 자신의 감정과 행동을 잘 조절하면서 문제를 해결하고 성장할 수 있기 때문이다.

아이들은 자라면서 누구나 실패를 경험한다. 요즘처럼 경쟁적이고 아이들에게 많은 것을 기대하는 상황에서는 더욱 그렇다. 사실 실패를 하지 않는 완벽한 사람보다는 실패를 극복해본 적이 있는 사람이 더 강한 사람이다. 실패를 경험해본 사람은 다음에 다시 넘어지는 것을 두려워하지 않는다. 넘어져도 다시 일어나면 된다는 것을 알기 때문이다. 또 실패를 경험해본 사람만이 다음에 넘어질 가능성을 예측하고 대비해서 계획을 세울 수도 있다.

※ 주아와 채은이(중3, 여)는 함께 영재고 입시를 준비하던 친구 사이다. 최근 영재고 입학시험 결과 발표가 있었는데, 둘 다 지원한 학교에 불합격했다. 주아는 불합격 결과를 받고 2~3일 정도 속상했지만, 곧바로 다음 단계의 준비를 시작했다. 과학고, 자사고, 과학중점학교를 진학했을 때 각각 장단점을 비교해보고, 집 근처 자사고에 입학하는 것이 좋겠다는 결론을 내렸다. 그리고 고등학교 입학 전 3개월 동안 자신이 부족한 과목인 국어와 영어 공부를 보충하기로 마음을 먹었다. 주아 부모님도 영재고는 원래 들어가기 어려운 곳이라며, 2차 평가까지 합격

한 것만 해도 대단하다고 주아를 격려해줬다.

채은이는 정말 열심히 준비했기에 자신이 불합격했다는 사실을 믿을 수가 없었다. 우울하고 불안하고 망했다는 생각만 들었다. 앞으로 무엇을 해도 잘 안될 것 같은 생각에 공부도 하기 싫었고, 친구들이 자신을 비웃는 듯해 학교도 학원도 가기 싫었다. 부모님도 채은이의 불합격 소식에 크게 실망한 내색을 보였다. 부모님은 채은이 오빠가 영재고를 졸업하고 서울대에 진학하는 모습을 봤던 터라, 채은이의 영재고 합격이 당연하다고 생각했기 때문이다. 채은이는 부모님의 실망한 모습을 보고선 미안하고 속상하고 죽고 싶다는 생각마저 들었다.

아이가 실패를 두려워하지 않는 사람으로 자라려면, 어릴 때부터 누구나 넘어질 수 있다고, 다시 일어날 수 있다고, 넘어졌는데도 많이 울지 않고 툭툭 털고 일어나는 너는 이미 훌륭한 사람이라고 말해주는 부모가 필요하다. 더불어 부모는 아이에게 실패해도 괜찮다는 것, 다시 도전하면 된다는 것, 실패를 통해서 내일의 내가 오늘의 나를 넘어설 수 있다는 것을 알려줘야 한다.

욕구 만족 지연을 가르치는 방법

부모님들 가운데는 아이가 원하는 것을 바로 들어주는 것이 좋은 양육이라고 생각하는 분들이 있다. 그런데 아이가 원하는 것을 바로 들어주는 것은 거의 불가능하다. 신생아 때 아이가 배고파서 울어도 분유를 타기까지는 시간이 걸리고, 아이가 놀자고 해도 저녁 시간이 되면 식사를 준비해서 밥을 먹여야 한다. 유치원이나 학교에서 단체 생활을 하게 되면 정해진 규칙에 따라 생활을 해야 하기에 더욱더 원하는 것을 바로 얻기가 어려워진다. 그래서 아이가 아주 어릴 때부터 살다 보면 기다릴 수밖에 없는 일이 있다는 것을 말해주고, 아이가 원하는 것을 바로 들어줄 수 없는 상황에서는 기다리는 연습을 시키면 좋다.

기다리는 연습을 할 때는 모래시계나 타이머가 도움이 된다. "엄마가 지금 설거지를 하는 중이니까 모래시계의 모래가 아래로 다 떨어지면(타이머의 숫자가 7:10이 되면), 그때 네가 하고 싶은 보드게임을 하자"라고 언제까지 기다려야 하는지 정확히 알려주면 아이는 모래시계나 타이머를 보면서 더 잘 기다리게 된다.

욕구 만족 지연을 위해 부모님들이 사용할 수 있는 다른 방법으로는 이번 주의 생활 계획표를 만들어서 아이의 눈길이 잘 닿는 곳에 붙여주기가 있다. 매일 그날 해야 할 일을 얼마나 잘 지켰는지 생활 계획표에 스티커를 붙이면서 스스로 돌아보게 하는 방법이다. 이때 일주일 동안 꾸준히 계획을 잘 지킬 경우(예를 들어, 해야 할 일을 80% 이상 하는 경우), 주말에 특별 보너스로 치킨을 시켜 먹는다거나, 키즈 카페에 놀러 간다는 약속을 하면 아이는 일주일 동안 계획을 잘 지키기 위해 더욱 노력하면서 기다릴 것이다.

생활 계획표(예시)

행동	월	화	수	목	금	토	일
아침 8시까지 학교 갈 준비 마치기							
저녁 식사 시간 전까지 숙제 끝내기							
하루에 10분 피아노 연습하기							

　생활 계획표나 스티커를 활용할 때 주의할 점은 처음부터 성공하기 어려운 목표를 세우면 안 된다는 것이다. 매년 연말에 스타벅스에서는 음료 17잔을 마시면 예쁜 다이어리를 주는 이벤트를 한다. 대부분의 사람들은 한 달 동안 음료 17잔을 마시는 일이 어떻게든 가능하다고 믿으면서 쿠폰을 적립한다. 그런데 만약 음료 100잔을 마셔야 다이어리를 준다고 하면 아마 많은 사람들이 "안 하고 말지" 하고 포기할 것이다. 아이도 마찬가지이다. 처음에는 아이가 짧은 시간에 쉽게 달성할 수 있는 목표를 설정하고 성취감을 느끼게 하는 것이 좋다. 처음에는 피아노 연습 시간을 하루 10분으로 시작하여, 시간이 흘러 아이가 잘 연주할 수 있게 되면, 피아노 연습 시간을 20분, 30분, 40분으로 점차 늘려가고, 스티커도 더 많이 모아야 보상을 받는 방식으로 바꿔가며 만족 지연 능력을 키워준다. 이런 과정에서 경험하는 성취감을 통해 아이는 자기 조절을 배우는 것이다.

인지 조절

실행 기능과 메타인지는 인지 조절의 가장 기본 바탕이다. 실행 기능이 뛰어난 아이들은 해야 할 일을 잘 가늠하고, 체계적으로 계획을 세워서 실천하며, 끊임없이 노력해 목표를 달성해간다. 메타인지는 자신의 감정, 행동, 생각을 돌아보고 조절하도록 하기 때문에 자기 조절에서 가장 중요한 요소 가운데 하나이다.

스스로 행동하는 아이로 키우기

※ 재현이(초3, 남)는 어릴 때부터 지금까지 엄마가 양치질하기, 씻기, 옷 입기, 양말 신기, 가방 챙기기, 방 정리하기 등을 다 해

주고 있다. 이래서는 안 되겠다는 생각이 든 엄마는 굳게 마음을 먹고 재현이가 스스로 하도록 가르치기 시작했다. 그랬더니 재현이가 "나는 혼자서 하는 게 어려운데 왜 안 해줘요?"라고 화를 냈다.

실행 기능은 아이가 스스로 자기 일상을 챙기기 시작하는 초등학교 저학년부터 조금씩 자라며, 사춘기를 지나고 전전두엽이 발달하면서 본격적으로 자란다. 그래서 아직 실행 기능이 미숙한 초등학교 저학년은 자기 일상을 스스로 챙기기가 어렵다. 그렇지만 실행 기능 역시 연습과 훈련을 통해서 성장하는 능력이기에, 부모는 아이에게 어려서부터 양치질, 세수, 가방 챙기기 등 작은 일부터 하나씩 스스로 하도록 가르쳐야 한다. 재현이처럼 부모가 일상생활의 소소한 일들을 다 해주다 보면 아이는 자기 일을 스스로 하는 것을 배울 기회를 놓치게 된다. 그러고 나서 나이가 들어 그 일을 스스로 하려고 하면 또래가 다 알아서 할 수 있는 것을 그제야 배워야 하는 상황에 스트레스를 받고 자존감도 저하될 가능성이 크다.

아이가 나이에 맞는 일상생활의 소소한 활동을 스스로 할 수 있도록 부모가 격려하고 성장을 기다려주면, 아이는 작은 문제를 해결하면서 성취감과 효능감을 느낄 수 있고, 스스로 방향을 설정해서 행동하는 자율성을 기를 수 있다. 이런 식으로 아이가 일상의 소소한 일들을 스스로 챙기는 데 익숙해지면, 더 복잡한 일들, 장기적인 계획과 노력이 필요한 일들도 스스로 해나갈 수 있을 것이다. 실행 기능을 키우는 이유는 아이가 스스로 목표 지향적이고 문제 해결적으로 행동하도록 이끄는 것이며, 이런 능력이야말로 자기 삶을 스스로 조절해가는 바탕이 된다.

루틴이 중요한 이유

※ 유민이(초4, 여)와 엄마는 아침마다 학교 갈 준비를 하며 빨리 서두르지 않는다고 싸운다. 저녁에는 유민이가 1시간 넘게 샤워하는 것 때문에 전쟁이다. 유민이가 샤워하러 들어가 일정 시간이 지나면 엄마는 10분마다 나오라고 아우성친다. 게다가 유민이가 샤워하면서 샤워기로 욕실 천장, 바닥, 거울, 화장지 등을 다 적셔놓아 매번 정리해야 하는 엄마는 짜증이 난다.

아이들이 부모와 가장 많이 부딪히는 시간은 아침이다. 아침에 깨워서 밥 먹이고 씻기고 옷 갈아입혀서 학교에 보내는 것이 제일 힘들다고 한다. 또 약속이 있어 외출해야 할 때 한참 전부터 준비하라고 해도 안 하는 것 때문에 감정이 상하거나, 저녁에 샤워하고 양치하고 자라고 하면서 부딪히는 경우도 많다. 그래서 이렇게 늘 반복되는 일에는 아침 루틴, 외출 루틴, 저녁 루틴처럼 루틴을 만들어주는 것이 좋다. 체계적인 루틴은 일상생활을 잘 유지하는 데 드는 에너지를 절약하고, 아이의 자기 조절을 키운다. 또 부모와 아이가 부딪히는 일을 감소시켜 감정 소모를 줄이고 감정 조절을 돕는다.

아침에는 스스로 알람 시계를 맞춰놓고 일어나는 습관을 형성하고, ① 양치하기 ② 세수하기 ③ 머리 감기 ④ 옷 입기 ⑤ 양말 신기 ⑥ 책가방 챙기기 ⑦ 신발 신기 ⑧ 나가기를 순서대로 하도록 부모가 옆에서 독려하여 루틴을 만든다. 아침에 해야 할 일 리스트를 예쁜 디자인으로 만들어서 잘 보이는 곳에 두는 방법도 좋다. 아이들은 말로 하는 것보다 시각적으로 보여주면서 지시하는 것에 더 잘 반응하기 때문이다.

유민이의 샤워 시간도 엄마가 시계를 보면서 10분마다 나오라고 말하는 것은 소용이 없다. 샤워실에 방수 시계를 놓고 30분 타이머를 설정해서 아이가 스스로 샤워를 30분 만에 하도록 가르쳐야 한다. 또 샤워 커튼을 달아 그 안에서만 샤워하고 바닥, 천장, 거울, 화장지에 물을 튀기지 않도록 가르쳐야 한다.

스스로 공부하는 아이로 키우기

대부분의 교육 전문가들이나 입시 전문가들은 아이가 스스로 공부하는 능력이 공부를 잘하고 좋은 결과를 내는 데 가장 결정적인 요소라고 말한다. 아이가 스스로 학습 목표를 정하고 학습 시간을 확보하여 다양한 학습 전략에 따라 학습 계획을 세우고 시행하는, 소위 자기 주도 학습이 중요하다는 것이다. 아이가 스스로 공부하는 능력도 어릴 때부터 차차 키워가야 한다. 대개 초등학교 5~6학년 정도가 되면 어느 정도 자기 주도 학습이 가능해진다. 그러나 아이들은 모두 발달 속도가 다르기에, 초등학교 3학년 때 이미 스스로 공부해나가는 아이도 있고, 중학생인데도 자기 주도 학습이 벅찬 아이도 있다.

스스로 공부하는 아이들의 특징

- 목표와 세부 목표를 세우고 우선순위에 따라 시행한다.
- 스스로 공부의 질이나 양, 진도를 확인하면서 자기 학습을 평가한다.
- 자기에게 맞는 학습 전략을 스스로 만들어간다.
- 공부 환경을 구조화한다.
- 시간 관리를 잘한다.
- 오답 노트를 만든다.
- 부모님이나 선생님에게 궁금한 것을 물어보고 도움을 잘 받는다.
- 도서관이나 인터넷에서 필요한 자료를 잘 찾는다.
- 주의를 흐트러뜨리는 자극이 있어도 자기 공부를 한다.
- 스스로 계획을 잘 지키는 자신을 칭찬하며 공부한다.
- 자신이 부족한 부분에 대해 비난하지 않고 정확하게 인지한다.

① 적절하고 명확한 목표를 설정한다

아이가 어느 과목의 공부를 얼마나 하기를 기대하는지 명확하게 정한다. 그리고 그 내용이나 분량은 아이의 나이와 현재 수준에 적정해야 한다. 채널A〈성적을 부탁해 티처스〉를 보면 아이의 현재 공부 상태를 정확히 진단한 다음, 정해진 기간 안에 달성을 원하는 구체적인 목표를 정한다. 기말고사 수학 성적 30점에서 60점으로 올리기, 9월 모의고사 영어 한 등급 올리기 등과 같이 말이다. 이렇게 분명한 목표를 정하고 나서 시험까지 남은 기간에 공부해야 할 양을 과목별로 정하고, 주간/일간 계획도 구체적으로 정한다.

② 공부 세팅을 일관되게 유지한다

매일 비슷한 시간에 같은 장소에서 공부하는 것이 좋다. 학원 시간, 친구들과 노는 시간, 가족 일정 등을 모두 고려해 전략적으로 공부 시간을 집중이 잘되는 시간으로 정한다. 주간 계획이 일정해야 습관을 만드는 데 좋다. 주간/일간 계획을 표(245쪽 참고)나 그림으로 예쁘게 만들어서 붙여놓는 것도 효과적이다.

③ 주의를 흐트러뜨리는 자극을 제거한다

공부 장소는 주의를 분산시키는 것이 없어야 한다. 장난감, 큐브, 레고, 핸드폰 등과 같이 주의를 분산시키는 오락거리를 치운다. 텔레비전과 영상은 끄고 전화는 받지 않도록 한다. 아이의 공부 시간에는 온 가족이 조용히 활동해야 한다. 나이가 어린 동생이 있다면 옆에 오지 않도록 하는 게 좋다.

겨울 방학 평일 시간표

	월	화	수	목	금
am9:00~10:00	영어 단어				
	국어 어휘				
10:00~11:00	수학 집중 개념 원리 쉬운 문제 기준 1시간 동안 60문제 어려운 문제 기준 1시간 동안 40문제				
10:00~pm12:00					
12:00~1:00	점심 식사				
1:00~2:00	영어 문법 인강				
2:00~3:00					
	쉬는 시간				
3:00~4:00	수학 문제집	이동 시간	수학 문제집	이동 시간	수학 문제집
4:00~5:00	과학 인강	영어 학원	과학 인강	영어 학원	과학 인강
5:00~6:00					
6:00~7:00	쉬는 시간	이동 시간	쉬는 시간	이동 시간	쉬는 시간
	쉬는 시간				
7:00~8:00	영어 독해	수학 문제집	영어 독해	수학 문제집	영어 독해
8:00~9:00					
9:00~10:00	국어 인강 비문학 중심			국어 인강 문학 중심	
10:00~11:00	오늘 공부 정리				

④ 오늘의 공부 계획을 세운다

오늘의 공부 시간을 정하고 그 시간에 맞춰 공부량을 정한다. 공부량은 질보다는 양을 중심으로 정한다. 예를 들어 '1시간 동안 생명 과학 1 문제집 15장 풀기'처럼 '공부 시간, 공부 내용, 공부량'이 명확한 계획이 좋다.

공부를 열심히 하는데도 다 못 한다면 부모는 공부량을 잘못 정한 것은 아닌지, 아이가 중간에 주의가 흐트러졌던 것은 아닌지 혹은 다른 이유가 있는 것은 아닌지 살펴봐야 한다. 또 중간에 쉬는 시간을 짧게 자주 가지면서 가능한 한 몸을 움직이게 한다.

⑤ 공부 준비물을 챙긴다

교과서, 참고서, 문제집, 학용품 등 공부 준비물을 한군데 정리해서 모아둔다. 매일 학교에서 과제를 적는 알림장과 숙제를 위한 준비물을 챙겨오도록 하고, 집에 오자마자 아이와 함께 가방을 확인하는 습관을 만든다. 그래야 혹시 숙제에 필요한 교과서 등을 빠뜨려도 곧바로 가져올 수 있다.

⑥ 어느 정도 공부하고 있는지 스스로 확인하게 한다

공부를 시작하기 전에 오늘의 계획을 '말'해보게 한다. 이런 방법은 스스로 학습하는 능력이 다듬어지지 않은 초등학생에게 적합하다.

엄마 오늘은 무슨 공부를 할 거야?

아이 오전에는 수학 학원 숙제 다 하고, 영어 단어를 40개 외우려고요. 오후에는 학원에 갔다가, 저녁에는 국어 문제집을 5장 풀 거예요.

아이가 스스로 계획한 공부량을 어느 정도 하고 있는지 말로 설명하면서 확인하도록 한다. 새로운 과제로 넘어갈 때마다 지금 무엇을 할 건지 말하게 한다. 이러한 '말'은 부모님이나 다른 사람에게 해도 되지만, 아이가 자랄수록 스스로 말하고 스스로 확인하는 것이 실행 기능과 메타인지가 자라는 데 효과적이다.

⑦ 부모가 곁에서 함께한다

어리거나 주의가 쉽게 흐트러지는 아이에게는 과제나 공부하는 동안 부모가 곁에서 함께하는 것이 도움이 된다. 이때 부모는 아이를 쳐다보거나 말을 걸지는 말고 살짝 뒤에 앉아서 책을 보거나 다른 일을 하면 좋다. 아이가 스스로 과제와 공부에 집중하고 주의가 흐트러지는 상황을 참는 능력이 자랄 때까지 부모가 보조 역할을 하는 것이다. 이렇게 부모가 아이의 곁에서 함께하는 것은 청소년기 이전에 도움이 되며, 청소년기부터는 아이가 먼저 요청하는 경우를 제외하고는 부모가 곁에 없는 것이 더 낫다.

⑧ 부모가 공부하는 모범을 보인다

부모가 먼저 집에서 읽고 쓰는 등 생각과 노력이 필요한 활동을 하는 모습을 보여준다. 자연스럽게 공부하는 분위기를 만들고, 공부는 누구나 인생 전체에 걸쳐서 꾸준히 해야 한다는 사실을 알려주는 것이다.

공부는 아이가 스스로 해야 하는 일이지만, 아이 스스로 공부하는 습관의 기초를 잡아주는 것은 부모가 도와줄 수 있는 일이다.

아이의 수준에 맞는 학습이 중요한 이유

❋ 수진이(초6, 여) 엄마는 수진이에게 선행 학습을 얼마나 시킬지 고민이다. 요즘 엄마들 사이의 말을 들어보니 1~2년 선행은 기본이라는데, 수진이는 공부량이 많아지면 유독 힘들어하기 때문이다. 학원에서도 현행 진도를 나갈 때는 괜찮았는데, 선행 수업을 할 때 집중력이 많이 떨어진다고 했다.

아이에게 공부를 시킬 때는 아이가 수준에 맞는 난이도의 학습을 하도록 세심히 신경 써야 한다. 실제로 아이들은 공부가 잘될 때 공부를 가장 하고 싶어 하기 때문이다. 공부가 어렵고 노력 대비 성적이 잘 안 나온다고 생각할 때 아이들은 자신감이 떨어지면서 공부를 싫어하게 된다. 옆집 아이와 비교하면서 선행 학습을 시키거나, 학원의 선행 진도에 아이를 맞추려고 하기보다는 우리 아이가 약간의 도전 정신과 성취감을 느낄 만한 정도, 노력하면 80~90% 정도를 따라갈 수 있는 수준의 학습 난이도가 좋다.

작은 성공 경험을 쌓도록 돕는 것이 학습 동기를 유지하고 자신감 키우는 데 효과적이다. 또 성적 자체보다는 꾸준한 노력과 과정을 칭찬함으로써 아이가 실수를 수치스러워하지 않고 배움의 기회로 삼도록 격려하는 것이 공부하다가 찾아올 좌절을 딛고 일어서는 회복탄력성 향상에도 큰 도움이 된다. 아이의 학습 수준과 주의 집중, 공부 방식 등 개인적 특성을 고려해, 과제의 양과 목표를 조절하고, 이에 맞는 칭찬과 격려, 보상 체계의 마련을 통해 학습에 대한 동기 증진 및 효능감 향상을 도모하는 것이 장기적으로 학습을 유지해가는 데 가장 중요하다.

메타인지의 발달을 도와주는 질문

메타인지는 인지에 대한 인지, 생각에 대한 생각으로, 다양한 상황에서 융통성 있는 방법으로 자신의 감정, 행동, 생각을 다루는 실제적인 능력을 말한다. 메타인지를 키우는 가장 좋은 방법은 아이가 어릴 때부터 스스로 돌아보면서 생각하고, 자기 생각을 논리적으로 말하는 연습을 꾸준히 하는 것이다. 또 주변 사람들의 생각과 독서나 인터넷 검색 등 여러 경로를 통해 얻은 정보를 이용하고, 다양한 관점에 대해 고민 및 수정, 보완하는 연습을 통해 메타인지를 키울 수 있다. 다음의 내용은 아이가 스스로를 돌아볼 수 있도록 부모가 옆에서 할 수 있는 질문이다.

- ▶ 무엇을 먼저 해야 할까?
- ▶ 내가 배운 것을 어떻게 설명할 수 있을까?
- ▶ 너라면 어떻게 했을까?
- ▶ 어떤 점이 어려울까?
- ▶ 어떻게 하면 더 나아질 수 있을까?
- ▶ 이전과 어떤 점이 달라졌을까?
- ▶ 지금 무엇을 하고 싶니?
- ▶ 지금 잘하고 있는 걸까?
- ▶ 더 잘할 수 있는 방법이 있을까?
- ▶ 누가 도와줄 수 있을까?
- ▶ 무엇을 도와줄까?

자기 조절이 남다른 아이로 키우기 ④
관계에서의 조절

다른 사람들과의 관계 속에서 자신의 감정과 생각을 표현하고 갈등을 해결하며 스스로 조절하는 능력은 아주 어린 나이인 유아기부터 자라기 시작한다. 그래서 부모는 어릴 때부터 아이를 키우면서 다른 사람의 마음을 이해하는 능력, 자신의 감정과 생각을 표현하는 능력이 잘 자라는지 지켜보고, 또래와 함께하는 경험을 독려하여 관계 속에서의 아이의 자기 조절이 잘 자라도록 도와줘야 한다.

다른 사람의 마음을 이해하는 능력 키우기

아이가 다른 사람의 마음을 잘 이해하는 사람으로 자라려면 우

251

선 자기감정의 이해 능력을 키우는 것이 중요하다. 이를 위해서 부모는 상황마다 아이가 느낄 것으로 예상이 되는 감정을 읽어주면 좋다. 아이의 감정을 읽어주고 자기감정을 이해하도록 도와주는 것은 아이가 다른 사람의 감정을 이해하는 데도 도움이 된다.

더불어 현실에서 아이가 경험한 상황이나 책, 영화 등에서 마주치는 상황을 통해서 다른 사람의 상황이나 감정에 대해 생각하게 하는 방법도 효과적이다. "네가 만든 레고를 친구가 일부러 망가뜨린 거야, 아니면 실수로 그런 거야? 레고가 망가져서 네가 속상해할 때 친구의 표정이 어땠어? 미안해하는 것 같았어?"라고 물어보는 것이다. 책이나 영화를 같이 볼 때도 "인어공주가 왕자를 구해준 건데, 왕자는 왜 다른 사람이 자기를 구해줬다고 생각하게 되었을까?", "왕자가 다른 사람에게 고마워하고 그 사람과 결혼까지 하는 모습을 보면서 인어공주는 기분이 어땠을까?"와 같이 등장인물의 상황이나 감정을 생각해보는 것은 다른 사람의 감정을 이해하는 능력을 키우는 데 확실히 도움이 된다.

자신의 감정과 생각을 표현하는 능력 키우기 (feat. 사회-정서 학습)

※ 수아(중3, 여)는 초등학교 6학년 때까지 말수가 적고 몹시 위축된 아이였다. 친구가 자기를 놀리거나 함부로 물건을 가져가도

기분이 나쁘다는 말은커녕 하지 말라는 말도 꺼내지 못했다. 중학교에 진학할 무렵에 아빠가 미국에 주재원으로 가면서 수아도 미국에 있는 중학교에 진학하게 되었다. 미국 학교에 가서 수아가 제일 놀란 것 중 하나가 아이들이 자신의 감정에 대해 자유롭게 이야기하는 것이었다. 특히 다툼이나 갈등이 생겼을 때도 친구에게 속이 상하거나 화가 나는 점을 차분하게 이야기하는 모습이 인상적이었다. 다른 아이들도 자신의 분노나 슬픔을 잘 표현하는 것을 보고, 수아도 친구 관계에서 갈등이 생겼을 때 자기 입장과 감정, 생각, 그리고 상대방의 말이나 행동이 자신에게 어떤 영향을 끼쳤고 어떻게 해줬으면 좋겠는지 점점 말하게 되었다. 그런데 시간이 흘러 한국으로 돌아온 다음에는 다시 자기감정을 잘 표현하지 못하는 예전의 모습으로 되돌아갔다. 수아는 "화는 영어로만 낼 수 있는 것 같아요"라고 말했다.

주에 따라 다르기는 하지만 미국의 대부분 학교에서는 사회-정서 학습social-emotional learning이라고 하여, 감정을 이해하고 다루며, 다른 사람에게 공감하고, 긍정적인 관계를 맺고 유지하며, 책임 있는 의사 결정을 하기 위한 필수적인 지식, 태도, 기술이 무엇이고 현실에서 적용하려면 어떻게 해야 하는지를 가르친다. 사회-정서 학습의 주요 내용은 자기 인식, 자기 조절, 사회적 인식, 대인 관계 기술, 책임 있는 의사 결정 등이다.

사회-정서 학습의 주요 내용

항목	설명
자기 인식	자신의 감정, 행동, 생각을 이해하고, 타인에게 어떤 영향을 미치는지 인식하고 파악하는 능력
자기 조절	자신의 감정, 행동, 생각을 조절하고 통제하여 목표를 향해 노력하는 능력
사회적 인식	다른 사람을 이해하고 공감하며 타인의 관점을 수용하고 다양성을 인정하는 능력
대인 관계 기술	의사소통, 협동, 갈등 해결을 포함하여 다른 사람들과 건강한 관계를 맺고 유지하는 능력
책임 있는 의사 결정	윤리적·사회적 기준에 따라 책임 있는 선택을 내리는 능력

예전에 2017년에서 2018년 초반까지 미국 보스턴으로 해외 연수를 갔을 때, 초등학교 4학년 아이들 사이의 갈등을 마주친 적이 있다. 이때 아이들이 매우 차분한 태도로 해결하는 장면을 보고선 깜짝 놀랐었다. 아이들이 모여서 축구를 하는데 축구공을 자꾸 필드 밖으로 일부러 차내는 아이 때문에 경기가 중단되자 한 아이가 이렇게 말하는 것이었다.

"우리가 다 같이 축구를 즐겁게 하는데, 네가 자꾸 공을 일부러 필드 밖으로 차내니까 경기의 흐름이 계속 끊어지잖아. 내가 아까 하지 말라고 했는데, 또 필드 밖으로 공을 차내니까 좀 번거

롭고 화도 나. 지금부터는 안 그랬으면 좋겠어. 이제 우리 다시 재미있게 축구를 해보자."

상대방을 비난하지 않으면서, 감정적으로 흥분하지도 않고, 문제점을 정확히 지적하며, 자기감정을 솔직히 표현하고, 바라는 바를 정확히 말하는 모습. 우리나라 아이들에게서는 흔히 보기 어려운 모습이었다. 아마 우리나라의 가정과 학교에서는 사회-정서적인 부분보다는 학습이 강조되기 때문에 그런 듯하다.

화의 진짜 목적은 나를 지키고 나의 감정을 잘 표현하며 상대방과의 관계를 유지하는 데 있다. 그렇게 하려면 무엇 때문에 화가 났고 속상했는지 정확하게 설명할 수 있어야 한다. 그리고 이렇게 화를 잘 내고 자기감정을 잘 표현하는 방법을 가정, 유치원, 학교에서 반드시 가르쳐야 한다.

또래와 함께하는 경험이 중요한 이유

초등학교에 입학할 무렵의 아이들이 또래 관계를 잘 맺도록 도와주기 위해서는 또래와 어울릴 기회를 자주 만들어주면 좋다. '플레이데이트'라고 하는 일대일 놀이 경험을 최대한 많이 만들어주는 것이다. 관계에서의 조절이 부족한 아이일수록 많은 아이들과 동시에 어울리기보다는 일대일의 관계에서 자신을 표현하고 상대방의 마음을 이해하며 갈등을 해결하는 경험을 쌓아가는 것이 도움이 된다.

아이가 플레이데이트를 할 때나 놀이터에서 친구들과 놀 때 부모는 반드시 한 걸음 뒤에서 아이를 관찰해야 한다. 플레이데이트에서는 부모가 아이들이 노는 모습을 함께 지켜보고 다툼을 중재한다. 두 아이가 즐겁게 할 수 있는 재미있는 활동을 찾아주고 서로 배려하면서 놀 수 있게 이끌어준다. 놀이터에서는 아이가 놀고 있는 친구들에게 잘 다가가도록 격려해주고, 다른 아이들이 우리 아이를 끼워주지 않으면 아이가 그 상황을 의연하게 받아들일 수 있게 도와준다. 친구에게 자기가 원하는 것을 표현하는 방법과 친구를 배려하는 방법, 함께 놀이하는 방법, 친구의 이야기에 귀를 기울이고 서로 대화를 주고받는 방법을 알려주는 것이다.

갈등 조절 방법을 배우기 위해서는 또래 관계에서도 감정이 격앙되고 흥분될 때 멈춘 다음에 자신을 진정 및 이완시키는 연습(231쪽 '거북이 방법' 참고)이 중요하다. 우리 아이가 자기 의견을 표현하지 못한 채 친구에게 휘둘리고 있다면 아이의 의견을 물어봐서 표현하게 해줘야 하고, 우리 아이가 친구를 괴롭히거나 자기주장만 고집한다면 친구의 의견을 듣게 해줘야 하며, 갈등이 생기면 갈등을 조정해가는 과정을 도와줘야 한다. 평소에 아이와 함께 갈등 상황에서 어떻게 하면 좋을지 미리 이야기를 나누고, 자기감정과 생각을 표현하는 말을 연습해보면 효과적이다.

엄마 내일 지웅이가 놀러 오는 날이지? 지웅이랑 뭐하고 놀 거야?

수빈 레고도 만들고 할리갈리도 하고 싶어요. 포켓몬 카드 놀이도 하고 싶어요.

엄마 그렇구나. 그런데 너는 포켓몬 카드 놀이를 하고 싶은데, 지웅이가 부루마불을 하고 싶다고 하면 어떻게 하지?

수빈 그럼 포켓몬 카드 놀이를 먼저 하고 부루마불을 하면 되죠.

엄마 맞아. 서로 번갈아가면서 하고 싶은 놀이를 하면 되겠네. 그런데 누구의 놀이를 먼저 하면 좋을까?

수빈 음…

엄마 전에 네가 지웅이네 놀러 갔을 때는 어땠어?

수빈 생각해보니까 지웅이네 놀러 갔을 때는 제가 좋아하는 놀이를 많이 했던 것 같아요.

엄마 그렇구나. 네가 지웅이네 놀러 갔을 때는 지웅이가 집주인이어서 너를 많이 배려해줬나 보다. 그럼 내일은 네가 집주인이니까 지웅이를 많이 배려해주자. 지웅이가 먼저 놀이를 고를 수 있게 해주면 어떨까?

수빈 좋아요. 그렇게 해야겠어요.

엄마 수빈이도 멋진 집주인이 되겠는걸. 그런데 만약에 지웅이가 자기가 좋아하는 놀이만 계속하겠다고 하면 어떻게 하지?

수빈 어? 그러면 어떻게 하죠? 지웅이가 좋아하는 놀이를 계속해야 할까요?

엄마 네가 좋아하는 놀이는 못 하고 지웅이가 좋아하는 놀이만 계속하면 네 기분은 어떨 것 같아?

수빈 속상할 것 같아요. 같이 놀고 싶어서 초대한 건데, 제가 좋아하는 놀이를 못 하면 화도 날 것 같아요.

엄마 그러면 지웅이에게 뭐라고 말하면 좋을까?

수빈 "포켓몬 카드 놀이를 하자. 나는 포켓몬 카드 놀이를 하고 싶어"라고 할래요.

엄마 맞아. 그렇게 말하면 좋겠다. 만약 그랬는데도 지웅이가 부루마불을 하자고 고집을 부리면 어떻게 하지?

수빈 (눈물이 글썽글썽) 정말 그러면 어떻게 하죠?

엄마 "네가 좋아하는 놀이를 한 번 했으니까 이번엔 내가 좋아하는 놀이를 하자. 그다음엔 다시 네가 좋아하는 놀이를 하면 되잖아", "한 사람이 원하는 놀이만 계속하면 다른 사람이 속상할 것 같아"라고 말하면 좋을 것 같아.

수빈 네, 그럴게요.

이어지는 내용은 몇 년 전 진료실에서 초등학교 2학년 아이가 "어떻게 하면 친구를 잘 사귈 수 있나요?"라고 물어서, 다음번 진료 때까지 한번 고민해보라고 했더니 적어온 것이다. 사실 친구들과 잘 지내는 데 꼭 필요한 것들을 너무 잘 적어와서 깜짝 놀랐었다. 이렇게 친구를 사귀는 데 필요한 것들을 아이가 또래와 어울리면서 스스로 배울 수도 있지만, 또래와 어울리기 시작하는 나이부터 부모가 옆에서 도와주면 더 잘 배울 수 있다. 아이는 아직 자기 조절이 자라는 중이고, 그 과정에는 부모의 도움이 필요하기 때문이다.

친구들과 친하게 지내는 방법

- 친구들끼리 싸울 때 말리고 설득한다.
- 친구를 때리고 싶으면 '참자' 하고 속으로 10번 외친다.
- 친구가 고집을 피우면 잘 타이른다.
- 친구들이 노는 데 방해하지 않는다.
- 친구가 때리면 아프니까 때리지 말라고 한다.
- 화가 나도 참는다.
- 친구랑 놀고 싶으면 정중하게 부탁한다. 거절하면 책을 읽는다.
- 친구들을 배려한다. (친구들의 마음을 먼저 헤아린다.)
- 친구들 앞에서 짜증 내지 말고 웃는다.
- 너그러운 마음을 갖고 남의 탓을 하지 않는다.

즐거움과 동기의 조절

최근 들어 디지털 미디어와 SNS를 조절하는 것이 아이의 자기 조절에서 중요한 요소로 부상하고 있다. 미디어 사용 시간이 점점 길어지거나, 미디어 때문에 해야 할 일을 미룬 채 컴퓨터나 스마트폰에 몰두하는 아이들이 많아지고 있고, 컴퓨터와 스마트폰 사용 때문에 가족 간에 갈등이 생기거나 학교에서 문제가 되는 경우도 늘어나고 있다. 부모 역시 아이의 발달 단계에 따라 미디어 조절과 관련된 고민이 계속해서 생기고 있다.

영상은 몇 세부터 보여줘야 할까

TV, 태블릿PC, 스마트폰 등을 포함한 모든 종류의 스크린을 사용하는 시간을 합해서 '스크린 타임screen time'이라고 한다. 미국 소아과학회와 소아청소년정신건강의학회에서는 멀리 떨어져 있는 가족과의 영상 통화를 제외하고는 18개월 미만의 아이에게는 영상을 절대 보여주지 말라고 이야기한다. 18~24개월 아이도 되도록 영상을 보여주지 않는 것이 좋다. 꼭 보여줘야 한다면 화면이 너무 빠르게 전환되지 않는 유아용 콘텐츠를 선별하여 부모와 아이가 함께 영상을 보며 이야기를 나누는 것이 좋다.

2~5세 아이도 하루에 스크린 타임을 1시간 미만으로 하도록 권유하고 있다. 이때도 역시 아이의 나이와 발달 수준에 적합한 영상을 잘 선별해야 하며, 영상은 가능한 한 부모와 함께 시청하도록 하고, 아이가 어떤 영상을 시청하는지 부모가 알고 있어야 한다.

스마트폰은 몇 세에 사줘야 할까

2014년 대한소아청소년정신의학회에서 정신건강의학과 전문의들을 대상으로 스마트폰을 몇 세에 사주는 것이 좋은지에 대한 설문 조사를 한 적이 있었다. 당시 대부분의 의사들은 스마트폰을 사용하는 적정 시작 연령을 중학교 1~2학년(7.7학년)이라고 응답

했다.[69] 그때만 해도 초등학교 고학년 무렵에 스마트폰을 사주는 경우가 대부분이었다. 그런데 10년이 지난 지금은 초등학교 1학년도 스마트폰을 가지고 있는 경우가 많다.

사실 초등학교 저학년은 스마트폰을 스스로 조절할 능력이 부족한 나이다. 부모 입장에서는 스마트폰을 사주면 계속 사용하겠다고 고집을 부리거나, 유해 정보를 접하거나, 친구들과의 관계에서 문제가 생기는 것은 아닐지 걱정이 태산이다. 그렇다고 안 사주려니, 다른 친구들은 모두 스마트폰을 가지고 있어 괜히 우리 아이만 스마트폰이 없어서 따돌림을 당하거나 어울리지 못하는 것은 아닌지 걱정이 되기도 한다.

스마트폰 사용을 조절하는 것은 어른에게도 어렵다. 욕구와 행동의 조절을 담당하는 전두엽이 아직 다 자라지 않은 아이들의 경우에는 스마트폰 사용을 조절하는 것이 더더욱 어렵다. 그래서 스마트폰은 가능한 한 늦게 사주는 것이 좋다. 아이의 뇌가 조금 더 발달하고, 조절 능력도 조금 더 획득해서 아이가 스스로 스마트폰을 조절하거나 혹은 부모의 도움을 받아서 조절할 때까지 기다리는 것이다.

하지만 요즘 대부분의 아이들이 스마트폰을 가지고 있기에 우리 아이만 안 사주겠다고 고집할 수는 없다. 아이가 자라는 시대와 동네와 학교의 분위기도 고려해야 한다. 우리 반 아이들이 모두 핸드폰을 가지고 있는데 나만 안 가지고 있으면 소외감을 느낄 수도 있다. 그래서 진료실에 온 부모님들이 아이에게 언제 스마트폰을 사줘야 하는지 물어보면 나는 '같은 반 아이들 10명 중 6~7번째'로 사주는 게 좋다고 이야기한다. 같은 반 엄마들끼리 서로 가깝다면 다 같이 천천히 사주기로 하는 것도 좋은 방법이다.

스마트폰 사용 규칙을 언제 정해야 할까

스마트폰을 사주기 전에 하루에 몇 시간 정도 사용할 것인지, 몇 시 이후에는 사용하지 않을 것인지 등 사용 규칙을 미리 정해야 한다. 또 아이의 스마트폰 사용을 부모가 어떻게 관찰하고 확인할지, Parental Control이나 Google Family Link 등 자녀 스마트폰 관리 앱을 사용할지에 대해서도 미리 정해야 한다. 일단 아이에게 스마트폰을 사주고 자유롭게 사용한 다음, 부모가 문제점을 인식해 사용 규칙을 정하거나 자녀 스마트폰 관리 앱을 깔려고 하면 당연히 아이의 거센 저항에 부딪히게 된다. 그래서 스마트폰을 사주기 전에 미리 사용 규칙을 정하는 것이 가장 좋다.

스마트폰 사용 규칙은 단호하고 일관되게 지킨다

※ 태훈이(중2, 남)는 최근 하루에 8시간 정도 RPG 게임을 한다.

원래 아빠가 게임을 좋아해서 태훈이가 집에 오면 게임을 하자고 하여, 전략을 세워서 어떻게 공격하라고 가르치는 등 새벽 3~4시까지 둘이 함께 게임을 한다. 태훈이가 게임을 하느라 학교 수행 평가나 학원 과제도 미루고, 늦게 자는 바람에 학교에 지각하기도 해서 엄마는 걱정되고 속상하다. 그런데 아빠는 그게 뭐가 문제냐고 하면서 게임 시간을 제한하자는 엄마의 말을 무시한다.

✽ 유진이(초5, 여)는 처음 스마트폰을 샀을 때부터 하루 사용 시간을 30분으로 정하고, 엄마가 앱별로 사용 시간을 조회하고 관리했다. 그런데 엄마는 유진이의 스마트폰 사용을 지켜보다가 유진이가 페이스북이나 나무위키에 접속하면 30분이 되지 않았는데도 스마트폰 사용을 차단해버린다. 유진이는 특별히 유해 사이트에 접속한 것도 아닌데, 엄마의 기분과 기준에 따라 정해진 시간조차도 다 사용할 수 없어서 화가 났다.

가끔 태훈이 아빠처럼 스마트폰 사용 규칙이 필요 없다고 생각하거나, 자녀를 자신의 게임 친구로 삼는 분이 있다. 그렇지만 아이는 아직 자신의 욕구, 감정이나 행동, 생각을 조절하는 능력이 완전히 자라지 않았다. 사실 스마트폰처럼 즉각적으로 강렬한 자극을 주는 대상을 조절하기란 매우 어려운 일이다. 그래서 아이가 스스로 잘 조절할 수 있는 고등학생 혹은 성인이 될 때까지는 어느 정도의 스마트폰 사용 규칙이 필요하다.

스마트폰 사용 규칙은 부모와 아이가 함께 의논해서 정해야 한다. 스마트폰 사용 규칙을 정하기 전, 가능하다면 우리 아이와 같은 나이와 성별의 다른 아이들이 얼마나 어떻게 사용하는지 미리 알아보면 좋다. 또 이번에 정한 규칙을 어느 정도 기간만큼 시행해본 이후에 다시 논의해서 수정할지도 미리 정해야 한다.

일단 사용 규칙을 정했다면 다음번에 수정하기로 약속한 때까지는 단호하고 일관되게 지켜야 한다. 특히 스마트폰과 관련된 부분에 대해서는 아이가 조르면 계속 조금씩 사용 시간을 연장해주는 경우도 있고, 부모 중 한 명만 단호하고 다른 한 명은 허용적으로 대하는 경우도 있는데, 이미 정한 규칙은 부모와 아이가 함께 잘 지키는 것이 중요하다. 반대로 유진이 엄마처럼 처음에 정한 규칙에 추가로 억지 이유를 대면서 스마트폰을 사용하지 못하게 하거나 사용 규칙을 바꾸는 것도 좋지 않다.

스마트폰 사용 규칙이 아이의 자기 조절을 키운다

스마트폰 사용 규칙을 정하고 일관되게 시행하는 목적은 스마트폰 사용 시 조절 능력을 키우는 데 있다. 아이가 스스로 스마트폰 사용에 대한 시간 관리 계획을 세우고, 지키려고 노력하며, 자신이 세운 계획을 얼마나 지켰는지 모니터하는 습관을 가지도록 하는 것이다. 하지만 아이는 아직 조절 능력이 부족하고, 스마트폰은 너무 재미있는 장난감이기 때문에, 처음 스마트폰을 사용하는 아이가 사용 규칙을 잘 지키지 못하는 것은 어찌 보면 당연하다. 그러니 아이가 사용 규칙을 잘 지키지 못했다고 해서 화를 내거나 비난하면 안 된다. 스마트폰 사용 규칙을 일관되게 적용하면서 아이에게 자신의 행동과 스마트폰 사용 시 조절 방법을 가르치면 될 일이다.

> ※ 시우(초4, 남)는 최근에 스마트폰을 샀다. 반 친구들이 다 로블록스를 하고 있어서 시우도 로블록스를 좋아하게 되었다. 그런데 게임을 하다 보니까 점점 게임 시간이 늘어나서 약속한 시간을 훌쩍 넘겨 게임하는 날이 많아졌다. 시우가 스마트폰 사용 시간을 지키지 않고, 오히려 더 하겠다고 떼를 쓰는 모습에 화가 난 아빠는 스마트폰을 압수하고는 한 달이 넘게 돌려주지 않았다. 시우는 앞으로 스마트폰 사용 시간을 잘 지키겠다고 약속하고 일상생활도 잘하고 있는데, 아빠가 스마트폰을 돌려주지 않는다고 짜증을 냈다.

시우 아빠처럼 사용 규칙을 지키지 않았다고 해서 너무 긴 시간 동안 스마트폰을 사용하지 못하게 하는 것도 좋지 않다. 아이의 반감만 키울 뿐, 조절 능력을 연습할 기회를 놓칠 수도 있다. 그래서 사용 규칙을 지키지 않아서 스마트폰을 사용하지 못하게 할 때는 가능한 한 짧은 시간으로 제한하는 것이 좋다. 오늘 사용 규칙을 지키지 않았다면, 내일 하루 동안 스마트폰 사용을 제한하고, 모레 다시 사용하게 한다. 이날 사용 규칙을 잘 지켰다면 다음 날도 스마트폰을 사용할 수 있지만, 잘 지키지 못했다면 다음 날 하루 동안 스마트폰 사용을 제한한다. 스마트폰의 허용과 제한을 반복하면서 스마트폰 사용을 조절할 기회를 계속 제공하는 것이다. 결국, 부모가 바라는 것은 아이에게 화를 내거나 벌을 주는 것이 아니라 스마트폰 사용 시 조절 능력을 키워주는 데 있다.

스마트폰 사용 내역을 확인한다

아이가 나이에 맞지 않는 폭력적이거나 선정적인 게임을 하고 있지는 않은지 정기적으로 확인한다. 부모가 X, 인스타그램, 블로그, 카페 등 자녀의 스마트폰 활동을 이해하고 참여하는 것도 도움이 된다. 최근에는 SNS를 이용한 괴롭힘과 따돌림, 금융 사기, 성폭력 등이 늘어나고 있고, 자해와 자살에 대한 정보를 공유하기도 하므로 조심스럽게 이런 부분을 지켜보는 것이 필요하다.

또 SNS를 통해서 주로 접하는 사람들이 누구인지 알아야 한다. SNS에 몰두하는 아동·청소년은 학교에서 가깝게 지내는 친구가 없고 현실에서 관심을 많이 받지 못하는 경우가 많다. 그래서 SNS에 여러 콘텐츠를 올려서 관심을 받거나 인기를 얻기도 하고, SNS

에서 비슷한 관심사를 가진 친구를 만나 오프라인에서 친구가 되기도 한다. 이처럼 SNS가 아이에게 긍정적인 영향을 주기도 하지만, 온라인에서 괴롭힘이나 따돌림, 스토킹을 당하거나 오프라인에서의 성폭력으로 이어지기도 하기에 부모는 아이가 SNS에서 누구를 만나는지 정기적으로 살펴볼 필요가 있다. 특히 상대방이 누군지 알 수 없는 오픈 채팅방의 사용에 대해서는 우려나 걱정되는 점을 미리 아이와 이야기를 나누는 것이 좋다.

그리고 아이가 부모의 주민 등록 번호를 사용하고 있지는 않은지 잘 살펴봐야 한다. 아이들은 성인 인증이 필요할 때 흔히 부모님의 주민 등록 번호를 도용한다. 이런 경우에는 음란물, 도박 등 유해 콘텐츠에 손쉽게 노출될 수 있으므로 미리 부모가 주의 깊게 관찰해야 한다. 또 게임상에서 거래되는 아이템이나 정액제 요금을 파악하고, 휴대폰 소액 결제나 신용 카드 등 아이가 시도할 만한 여러 가지 결제 방식을 미리 확인해두면 금전적인 문제가 생기지 않게 조심할 수 있다.

일상 속에서 즐거운 시간을 보낸다

스마트폰에 몰두하느라 일상생활에 방해가 되거나 문제가 생기는 경우는 대개 현실에서의 아이의 삶이 행복하지 않아서이다. 일상 속에서 즐겁게 할 수 있는 활동이 많지 않거나 스트레스를 풀 기회가 별로 없고, 함께 어울려서 놀 친구가 많지 않거나 가족 간의 관계가 좋지 않은 경우가 대부분이다.

아이가 일상에서 즐겁게 지낼 수 있도록 이끌어주면 현명한 스마트폰 사용에 도움이 된다. 운동이나 음악과 같은 취미 활동, 가족 및 친구들과 함께 보드게임이나 야외 활동을 하는 것도 좋다. 또 아이의 마음속에 고민이나 어려운 점이 없는지 잘 관찰하고, 평소 아이와 이야기를 많이 나누는 것도 중요하다.

병원이
필요한 순간

일반적인 치료

요즘에는 부모들이 소아청소년 정신건강의학과를 방문해서 검사를 진행하거나, 아이의 발달과 정서, 학습과 관련된 도움을 구하는 것에 대한 문턱이 많이 낮아졌다. 그런데도 아직 병원 방문을 주저하는 부모들이 많다. 많은 부모들이 여전히 병원에만 가면 아이가 작든 크든 병을 진단받아 약을 먹어야 하거나 계속 병원에 다녀야 한다는 불안감을 가지는 듯하다. 그렇지만 병원에 간다고 해서 반드시 병을 진단받거나 약을 먹어야 하는 것은 아니다. 평생 병원에 다녀야 하는 것은 더더욱 아니다. 아이는 어른과는 달리 성장하면서 뇌도 자라고 자기 조절도 자란다. 자신의 감정이나 생각을 말로 표현하는 능력도 자라고, 다른 사람의 입장이나 감정을 이해하고 배려하는 능력도 자란다. 병원에서는 일차적으로 아이의 자기 조절이 잘 자랄 수 있도록 아이와 부모를 돕고, 그래서 나중에는 병원에 오지 않아도 스스로 잘 해결할 수 있게 이끌어준다.

※ 윤후(초1, 남)는 학교와 가정에서 시도 때도 없이 폭발하는 분노 때문에 병원에 입원한 아이였다. 학교에서는 수업은 듣지 않고 책상을 치거나 친구를 방해했고, 잘못된 행동을 제지하는 선생님을 때리려는 모습까지 보였다. 집에서는 야단치는 엄마에게 부엌칼을 들이대는 일로 입원까지 하게 되었다. 윤후는 학교와 가정에서 과잉 행동과 충동성이 두드러지고, 입원 후에도 쉬지 않고 돌아다니면서 자기 순서를 기다리기 힘들어했을 뿐만 아니라, 주의력 검사에서도 충동성과 주의력 결핍이 두드러지는 결과가 나와서 ADHD로 진단하고 약물 치료를 시작했다.

병동에서 윤후는 의료진들의 눈치를 살피며 위축되어 보였고, 양치질이나 공부, 치료 프로그램 등 하기 싫은 것을 하라고 했을 때 의료진의 팔을 할퀴고 꼬집거나 머리를 박으려고 한다거나 학습지를 찢기도 했다. 그래서 윤후에게 공격적인 행동이나 다른 사람에게 피해를 주는 행동을 해서는 안 된다는 것, 위생 관리나 학교 가기처럼 하기 싫어도 해야 하는 일이 있다는 것을 명확히 교육하고, 엄마에게도 아이를 더 단호하고 일관되게 대해야 한다고 이야기했다.

윤후 어머니는 어려서부터 자신의 부모(윤후의 외조부모)에게 사소한 잘못에도 지나치게 비난을 들으며 자라서인지 자신감이 없고 다른 사람들에게 거절을 잘 못 하는 분이었다. 윤후가 고집을 부리면 안 된다고 단호하게 말하기를 힘들어했고, 윤후의 목소리가 조금만 커져도 겁을 먹고 "알았어, 알았어. 너 하고 싶은 대로 해"라고 말했다. 병동에서는 엄마가 단호하게 말하기 힘들 때 곁에 의료진들이 함께 있어서 엄마가 아이의 행동에 끌려다니지 않고 허용할 수 없는 행동에 대해서는 단호하게 안 된다고 하도록 훈련을 했다.

윤후는 허용되는 행동과 안 되는 행동, 반드시 해야 하는 일과 하지 않아도 되는 일을 명확히 정리해서 일관된 원칙을 적용하는 것을 오히려 편하게 받아들였다. 그리고 짜증이 난 상황에서 조금 기다려주면 스스로 참고 조절하려는 모습을 보이기 시작했다. 또 병동 내에서 프로그램과 생활 규칙을 잘 지켜 칭찬을 받게 되자, 윤후는 자신이 잘 해내고 있다는 사실에 뿌듯함을 느끼면서 더 의욕적으로 병동 생활을 하기 위해 노력했고, 자신의 요구나 감정과 생각도 훨씬 편안하게 표현해갔다. 이처럼 아이의 성향과 부모의 양육 태도를 파악하고 분석해서 부모가 일관된 적용을 할 수 있도록 도와주는 것도 병원에서 하는 일이다. 물론 외래에서도 심리 검사, 상담, 부모 교육 등을 통해서 양육 방법을 내 아이에게 맞춰 조정하도록 도와준다.

윤후에게 입원해서 제일 좋은 일이 뭐냐고 물어보니 "엄마가 저만 쳐다보고 매일 재미있게 놀아주는 거요"라고 답했다. 집에서는 엄마가 집안일도 해야 하고, 형도 돌봐야 하고, 피곤해서 누워만 있을 때도 많은데, 입원하니까 윤후에게만 집중하게 되어 이야기도 잘 들어주고 할리갈리나 루미큐브 등 보드게임도 함께할 수 있었던 것이다. 윤후는 엄마와 즐겁게 시간을 보내고 이야기도 많이 나누며 엄마로부터 사랑받고 이해받는다는 느낌에 애정 욕구가 충족되면서 이전보다 훨씬 정서적으로 안정되고 자기 조절도 잘하게 되었다. 집에 돌아가서는 병원에서처럼 윤후와 내내 함께할 수는 없겠지만, 짧더라도 시간을 정해서 아이와 단둘이 꼭 보내라고 조언을 건넸다.

윤후는 입원 자체는 힘들었지만 엄마의 관심을 독차지하면서 엄마와 즐겁게 시간을 보내는 것이 가장 좋았고, 병원에서 만난 형이나 누나들과 재미있게 노는 것도 좋았다고 했다. 허용되는 행동과 허용되지 않는 행동의 기준이 명확한 것도 편안하다고 했다. 무엇보다 늘 자신을 '나쁜 아이'라고 생각했는데, 스스로 자신의 감정과 행동을 조절할 수 있다는 사실을 깨달아 자신감을 얻었고, 그렇게 조절하는 모습을 보여서 가족이나 의료진에게 인정받고 칭찬받는 것도 좋았다고 했다. 퇴원한 후에도 윤후는 학교와 가정에서 스스로 조절하기 위해 애쓰는 모습을 보였고, 친구들과 선생님이 자신을 다르게 바라보는 것 같아서 뿌듯했다고 자랑하기도 했다.

윤후의 이야기에서 알 수 있듯이 병원을 방문해서 얻을 수 있는 가장 중요한 것은 우리 아이에 대한 이해이다. 물론 책이나 유튜브 등 육아 관련 콘텐츠에는 좋은 내용이 많지만, 그 내용을 우리 아이에게도 적용할 수 있는지, 구체적으로 우리 아이에게는 어떻게 적용해야 하는지 알기 어려울 때도 많다. 그런데 면담, 심리 검사, 놀이 평가, 부모-자녀 관계에 대한 평가 등을 통해서 우리 아이가 어떤 성향의 아이인지, 또 나는 어떤 성향의 부모인지 이해하게 되면 양육과 훈육, 학습과 관련해 보다 명확한 방향을 잡을 수 있다.

병원에 온다고 해서 모두 치료를 하는 것은 아니다. 또 치료를 한다고 해서 모두 약물 치료를 하는 것도 아니다. 소아청소년 정신건강의학과 의사들이 가장 중요하게 생각하는 것은 윤후의 이야기에서 알 수 있듯이 부모가 아이를 잘 이해하도록 돕고, 아이의 마음을 잘 읽어주며, 부모-자녀 관계를 좋아지게 하는 것이다. 부모-자녀 관계가 좋아져야 부모가 아이의 자기 조절 발달을 도와줄 수 있기 때문이다.

다만 자기 조절의 문제로 인해서 일상생활이나 가족 관계, 또래 관계, 사회생활에 어려움이 있다면 적정한 치료가 필요하다. 이완 훈련이나 인지 행동 치료, 분노 조절 훈련, 사회 기술 훈련 등과 같은 치료들이 감정을 다스리고, 행동을 조절하며, 생각을 돌아보는 데 도움이 된다. 자신이나 다른 사람의 감정을 알아차리거나 말로 표현하기 어려워하는 아이들, 정서적으로 위축되거나 우울하거나 불안한 아이들에게는 놀이 치료나 정신 치료가 효과적일 수 있다. 또래 관계에 어려움이 있는 아이들은 또래와 함께하는 사회 기술 훈련을 통해서 자신의 의견을 적절하게 표현하고 감정을 조절하며 갈등을 해결하는 방법을 배울 수 있다.

ADHD가 있거나, 심한 감정 기복이나 분노 폭발을 보이거나, 우울이나 불안이 심한 경우에는 약물 치료가 필요할 수도 있다. 사실 요즘 소아청소년 정신건강의학과에서 쓰는 약은 생각보다 안전하고 부작용이 적다. 아이와 약이 맞지 않아서 부작용이 생기더라도 투약을 중단하면 바로 회복되는 경우가 대부분이다. 아이의 뇌가 자라는 시기에 약물의 도움을 받아서라도 '조절하는 뇌'의 기능을 회복하는 것이 장기적으로 뇌 발달에 더 좋다는 연구도 늘어나고 있다. 대부분의 아이들은 1~2년 정도 투약하면 약물을 중단하게 되고, 길게 투약하는 경우에도 대학에 들어가고 초기 성인기를 지나면서 약을 줄이거나 중단한다. 그러니 아이가 스스로 감당할수 없어 하거나, 부모가 아이를 어떻게 도와줘야 할지 모를 때는 조금 더 편안한 마음으로 병원을 찾아서 필요한 도움을 받으라고 이야기하고 싶다. 특히 아이가 자해하거나 죽음에 대해서 언급할 때, 다른 사람을 때리거나 물건을 부수는 등 공격적으로 행동할 때는 응급 상황이므로 반드시 빠르게 병원으로 가야 한다.

ADHD의 치료

① 약물 치료

약을 꼭 먹어야 할까?

ADHD를 진단받은 아이에게 일차적인 치료는 약물 치료이다. 특히 주의력 결핍, 과잉 행동, 충동성과 같은 ADHD 증상으로 인해 학교나 학원에서 공부할 때 집중을 잘 못 하거나, 학교에서 선생님에게 지적을 받거나, 또래와 잘 어울리지 못하고 다툼이 생기거나, 집에서 자기 관리나 행동 조절이 안 되어서 가족들과 부딪히는 경우에는 약물 치료가 도움이 될 수 있다. ADHD 증상을 좀 보이기는 하지만, 가정과 학교생활, 그리고 또래 관계 등에서 큰 문제가 없다면, 약물 치료를 하지 않고 지켜볼 수 있다.

약을 먹으면 어떤 점이 좋아질까?

약물 치료는 ADHD의 가장 효과적인 치료법으로, 대상자 중 70~85% 정도가 뚜렷한 호전을 보이며, 집중력이나 기억력, 학습 능력이 전반적으로 좋아진다. 또 과제에 대한 흥미와 관심이 많아지면서 수행 능력도 좋아진다. 더불어 산만한 모습이나 충동적인 행동이 줄어들고, 부모님과 선생님을 잘 따르며, 긍정적인 태도를 보인다. 아이는 학습이나 또래 관계, 가족 관계에서 긍정적인 경험을 하면서 자존감까지 향상된다.

어떤 약이 있을까?

ADHD 약물 치료에서 가장 흔히 사용되는 약은 메틸페니데이트methylphenidate이다. 페니드, 메디키넷, 콘서타가 여기에 속한다. 이외에 아토목세틴atomoxetine과 클로니딘clonidine이 ADHD 치료에 사용된다.

- **메틸페니데이트**

  대상자 중 약 70~85%에서 ADHD 증상이 호전된다. 하지만 효과가 좋은 대신 부작용도 많다. 흔한 부작용은 두통, 위통, 오심, 불면, 식욕 부진 등인데, 이런 부작용은 처음 약을 복용하거나 증량할 때 많이 나타나고 시간이 지나면 호전되는 경향이 있다. 가장 큰 부작용은 식욕이 떨어지는 것인데, 주로 약효가 지속되는 점심에 식욕이 줄고 저녁에는 회복된다. 틱이나 예민함이 있는 아이들의 경우, 약 때문에 틱이나 예민함이 악화될 수 있어 잘 지켜봐야 한다.

  메틸페니데이트에 속하는 약제들은 페니드 4시간, 메디키넷 6시간, 콘서타 12시간으로 각각 평균 작용 시간이 다르기에, 아이의 나이와 학습 시간, 수면에 미치는 영향을 고려해서 약을 선택한다. 약은 대개 아침에 복용하며, 언제까지 약효가 지속되는지, 아이와 부모, 그리고 학교의 의견을 반영해 양을 조절한다.

- **아토목세틴**

  메틸페니데이트와 비교해 대부분 부작용이 적은 편이다. 다만 구역감이 좀 더 흔하게 나타날 수 있다. 특히 불안 장애나 틱 장애가 동반되었을 때 유용하다. 약물이 작용하기 위해서는 적어도 2주 이상의 시간이 필요하지만, 한번 작용을 나타낸 이후에는 약물 효과가 24시간 지속된다는 장점이 있다.

- **클로니딘**
  메틸페니데이트나 아토목세틴에 비해 효과가 적은 편이다. 틱이나 예민함을 악화시키지 않고 수면에도 좋은 영향을 주기 때문에 단독 혹은 메틸페니데이트나 아토목세틴과 함께 사용되는 경우도 많다. 어지럼증이나 낮 동안 졸림과 같은 부작용이 나타날 수 있다.

약을 먹으면 키가 안 클까?

ADHD 약이 식욕에 영향을 미치기 때문에 약물 치료 후 초기 1~2년간은 키 성장 속도가 지연되기도 하지만, 이후 성장은 정상 속도를 찾아가는 경향을 보인다. 또 약물을 중단하면 빠르게 성장을 따라잡아서, 최종 성인 키에는 거의 영향을 미치지 않는다. 다만 약이 아이의 식욕과 성장에 미치는 영향은 개인차가 크기 때문에 키와 체중을 정기적으로 측정하는 것이 필요하다.

약을 먹으면 머리가 나빠질까?

ADHD 약은 장기 투약해도 안전한 것으로 알려져 있다. 중독되거나 내성이 생기지 않으며, 머리를 나빠지게 하지도 않고, 뇌 발달에는 오히려 좋은 영향을 주는 것으로 생각되기도 한다. 약의 부작용은 대부분 투약을 중단하면 바로 회복된다.

약을 얼마나 먹어야 할까?

약물 치료는 적어도 2~3년 정도는 진행해야 한다. 약이 주의력 결핍과 과잉 행동 증상을 조절하는 역할을 하기 때문이다. 최근 연구들은 약이 뇌 기능뿐만 아니라 뇌 구조의 발달도 또래와 비슷하게 회복시켜준다고 이야기한다. 경험적으로 약을 빨리 복용하기 시작할수록 결국에는 약을 복용하는 총 기간이 짧아진다.

약물 치료를 꾸준히 하다 보면 약을 먹은 날과 깜빡하고 먹지 않은 날, 약 기운이 있는 시간과 없는 시간의 차이가 사라지는 때가 발생하는데, 그즈음에 약물 중단을 시도해본다. 대개는 방학 기간에 먼저 약물을 중단해보고, ADHD 증상이 다시 나타나는지 확인하면 된다.

② 부모 역할 훈련

부모 역할 훈련은 행동 치료의 다양한 기법을 적용하여 부모-자녀 관계를 개선하는 방법을 부모에게 알려주는 치료이다. ADHD를 진단받은 아이들은 집중력이 부족하고, 일상생활에서 챙겨야 할 일을 잘 챙기지 못하며, 충동적이거나 행동 조절에서 어려움을 보이기 때문에 부모와 갈등을 겪는 경우가 많다. 부모 역할 훈련에서는 아이와의 관계를 개선하는 대화법을 공부하고, 아이와의 갈

등 상황을 효과적으로 해결하는 방법, 올바른 칭찬과 훈육법, 공공 장소에서 아이의 문제 행동 조절 방법 등을 연습한다.

⑤ 사회 기술 훈련

ADHD 아이가 비슷한 또래의 친구들과 함께 집단 프로그램을 하면서, 다른 사람의 말을 경청하고, 다른 사람의 감정과 생각을 이해하며, 부정적인 감정을 잘 조절해서 말로 표현하여, 친구들과의 관계를 잘 유지하도록 도와주는 치료이다. 학교에서 친구들이 싫어할 만한 말을 툭툭 던지는 ADHD 아이의 경우, 약물 치료를 하면 아이가 충동적으로 말을 던지는 상황은 줄어든다. 그러나 친구들이 싫어할 만한 말과 그렇지 않은 말을 구별하고, 자신의 말이 친구들에게 미칠 영향을 고려하는 것은 아이가 직접 배워야 한다. 물론 부모가 집에서 가르칠 수도 있지만, 친구들과 놀이하는 상황에 직접 개입해서 가르쳐주면 보다 쉽고 빠르게 배울 수 있다. ADHD 아이는 친구들과 놀다가 갈등이 생겨서 놀이가 중단되는 경험을 하는 경우가 많은데, 사회 기술 훈련에서는 갈등을 해결하고 놀이가 이어지는 경험을 하기 때문에 아이가 즐겁게 참여한다.

⑥ 놀이 치료

ADHD 외에 우울이나 불안과 같은 정서적 문제가 동반된 경우나, ADHD로 인해 부정적 피드백을 반복적으로 받아서 자존감이 떨어진 경우에 놀이 치료가 도움이 된다. 놀이 치료는 아이가 경험한 사건이나 마음속의 갈등과 감정을 놀이를 통해 감당할 수 있는 것으로 만들어가는 과정이다. 아이는 놀이를 하면서 내적 소망과 갈등으로 인한 불안 및 긴장을 해소할 수 있고, 이러한 과정에서 자기 조절이 자란다.

6장

조절하는 부모가 조절하는 아이를 키운다

아이의 자기 조절이 잘 자라도록 돕기 위해서는 부모 자신의 자기 조절이 중요하다. 부모가 자신의 감정, 행동, 생각을 잘 조절하려면 자신의 마음을 잘 이해하는 것이 필요하다. 부모가 스스로 살아온 인생을 차분히 돌아보고, 감정이 휘몰아치는 순간에 잠깐 멈춰 상황을 살펴볼 수 있다면, 아이를 키우면서 마주치는 어려운 순간에 자신을 조절하는 데 큰 힘이 될 것이다. 그리고 부모가 멈춰서 숨을 고르며 자신의 감정과 상황의 맥락을 돌아보고 자신을 조절하는 모습을 보며 아이도 자기 조절을 키워갈 것이다.

부모의 자기 조절이 중요하다

아이를 키우다 보면 화나는 상황이 너무 많다. 아침에 바쁜데 화장실에 들어가서 양치질을 하다 말고 놀고 있을 때, 집 안을 엉망진창으로 어질러놓을 때, 깐죽거리면서 동생을 괴롭힐 때, 시험 전날인데 게임만 하고 있을 때 등… 사실 일부러 이렇게 나열할 필요가 없을 정도로 아이가 미운 순간들이 많다. 빨리하라고 여러 번 말했는데도 느긋하게 꾸무럭거리는 모습을 보고 있으면 일부러 저러나 싶기도 하고 나를 무시하는 것 같기도 하다. 나도 모르게 아이에게 소리를 지를 때도 있고, 한 대 꼭 쥐어박고 싶은 마음이 들기도 한다. 부모의 자기 조절이 필요한 순간이다.

사실 아이를 키운다는 것은 끊임없이 부모의 자기 조절이 함께해야 하는 일이다. 자기 조절은 행동의 장기적 결과를 예상하면서 감정, 행동, 생각을 계속 조절해가는 과정이다. 아이를 키우다 보면 특히 부모의 감정과 행동과 생각을 조절해야 하는 순간들이 많다. 아이에게 소리를 지르거나 한 대 쥐어박고 나면 뒤돌아서서 후회하고 자책하는 것이 부모이기 때문에 더욱 그렇다.

자기 조절을 잘하는 부모가 아이에게 화를 덜 내고 아이의 필요에 잘 반응해주며 문제 상황이 생겼을 때도 더 잘 해결한다. 아이는 부모가 감정, 행동, 생각을 조절하는 모습을 보면서 자기도 모르게 그 모습을 배운다. 그래서 부모의 자기 조절은 아이의 자기 조절과 직접 맞닿아 있다. 이어지는 내용은 부모의 자기 조절을 키우는 방법이다.

① 부모 자신의 몸과 마음을 돌본다

부모의 삶에도 멈춤이 필요하다. 아이를 양육하고 집안일과 직장일 등을 하느라 바쁘겠지만, 나를 돌아보며 잠시 쉬어가는 용기도 필요하다. 평소에 화를 잘 내지 않고 예민하지 않은 사람들도 잠을 못 자거나 아프거나 피곤할 때, 시댁이나 친정 혹은 직장에 걱정되는 일이 있을 때는 사소한 일에도 쉽게 화를 내게 된다. 그래서 몸과 마음이 너무 지치지 않도록 부모가 조금이라도 쉴 수 있는 시간이 필요하다. 부부가 번갈아 아이를 돌보면서 쉬어도 좋고, 주변 사람들에게 잠깐이라도 도움을 받으면서 쉬는 시간을 가져도 좋다. 가끔은 약속을 취소하거나 집안일을 내려놓고 쉬어도 된다. 하루 정도 청소나 설거지를 안 한다고 해서 큰일이 일어나진 않는다.

가족이나 친구에게 전화를 걸어 수다 떨기, 나를 웃게 해주는 누군가와 밥 먹기도 스트레스를 털어내고 마음을 돌보는 좋은 방법이다. 이외에 어떤 식으로든 자신이 감정적으로 쉴 방법을 미리 생각해둔다.

쉼이 되는 방법

- 심호흡을 한다.
- 사람이나 인형을 잠깐 껴안는다.
- 스트레칭을 한다.
- 명상을 한다.
- 휴대폰 속 사진을 보면서 행복한 기억을 떠올린다.
- 취미나 자기 계발할 거리를 찾는다.
- 동네를 산책한다.
- 반신욕을 한다.
- 뜨개질이나 십자수를 한다.
- 동네 카페에서 커피 한 잔의 여유를 가진다.

② 한 걸음 물러서서 상황을 객관적으로 바라본다

한 걸음 떨어져 조금 멀리서 상황을 바라보면 처음에는 생각하지 못했던 것들이 보인다. 아이에게 감정 조절이나 행동 조절을 가르칠 때도 우선 멈추고 심호흡하고 나서 생각하도록 가르치는 것처럼, 부모도 일단 멈추고 돌아보는 과정을 연습하는 것이다. 잠깐 멈추고 심호흡하고 나서 지금의 상황이 얼마나 중요한 일인지, 아이에게 화를 낼 만한 일인지 생각해본다.

> ※ 주연이(초4, 여)는 학교를 마치고 언제나 곧바로 집에 오는데, 오늘은 무슨 일인지 집에 올 시간이 한참 지났는데도 오지 않고 연락도 되지 않았다. 엄마는 집과 학교를 몇 번이나 오가면서 주연이를 찾아다녔는데, 알고 보니 학교 근처 놀이터에서 반 친구들과 놀고 있었다. 엄마는 너무 화가 나서 "학교 끝났는데, 집에 오지도 않고 연락도 안 되고. 너는 집에서 기다리는 사람은 생각도 안 하니?" 하고 아이에게 쏘아붙였다. 그런데 잠깐 차분히 숨을 돌리고 생각해보니 엄마는 주연이에게 화난 것이 아니라 걱정한 것이었다. 혹시 아이가 실종되거나 사고라도 난 것은 아닌지 불안해서 안절부절못하다가 아이를 발견하곤 안심되는 마음에 불안이 확 걷히면서 아이한테 화를 내게 된 것이다. 엄마가 잠시라도 마음을 가다듬고 상황을 차분히 들여다봤다면 주연이에게 소리를 지르면서 화를 내지는 않았을 것이다.

③ 내가 감정적인 사람이라는 사실을 인정한다

사람은 누구나 다 감정적이다. 누구나 행복할 때도 있고 슬프거나 좌절하거나 분노할 때도 있다. 부모 누구에게나 아이가 미운 순간이 있다. 이런 감정을 가지는 것은 잘못이 아니다. 이런 감정을 행동으로 표현하지만 않으면 된다. '지금 내가 화가 났구나', '오늘 엄마가 일찍 출근하는 날이라 빨리하라고 몇 번이나 말했는데 들은 척도 안 하는 아이 때문에 마음이 급하고 얄밉고 또 화가 나는구나' 하고 스스로 마음을 돌아볼 수 있으면 오히려 감정을 행동으로 표현할 가능성이 줄어든다.

④ 정말 나를 화나게 한 것을 파악한다

화가 날 때는 지금 내가 화가 난 이유, 발작 버튼이 눌러진 이유를 차분히 고민해보는 시간이 필요하다. 아이는 매일 아침 늑장을 부리는데 유독 오늘 화가 나서 소리를 지르게 된 것은 아침에 회사에서 발표해야 하는 자료가 아직 준비가 덜 되어 마음이 조급해서 그랬을 수도 있고, 어젯밤에 주차 위반 범칙금을 받은 것 때문에 짜증이 난 상태여서 그랬을 수도 있으며, 오늘 아침에 아이가 "제가 알아서 한다니까요"라면서 깐죽거려 그 태도에 마음이 상해 그랬을 수도 있다. 진짜 나를 화나게 한 것이 무엇인지를 알아야 제대로 화를 낼 수 있다.

⑤ 화를 내는 방법이 중요하다

화는 참는 것이 아니라 내는 것이다. 화뿐만 아니라 다른 감정도 마찬가지이다. "네가 올 시간이 되었는데, 오지 않고 연락도 없어서 엄마가 걱정을 많이 했어. 너를 찾으려고 학교와 집을 10번이나 오갔는데 네가 없어서 무슨 사고라도 난 줄 알고 얼마나 불안했는지 몰라" 하고 무엇 때문에 화가 났고 어떤 기분인지 담담하게 말로 표현하는 것이 화를 잘 내는 것이다. 소리를 지르거나 욕을 하거나 물건을 던지거나 다른 사람을 때리는 것은 폭력이고 그냥 화를 푸는 것일 뿐이다. 화를 잘 낼 수 있게 되면 긍정적인 사고가 가능해지고 문제 해결이 더 쉬워질 뿐만 아니라 관계도 더 잘 지킬 수 있게 된다.

부모 자신의 감정을 들여다본다

* 유현이(초1, 남)는 감정 조절과 행동 조절을 어려워하는 아이다. 원하는 것을 하지 못하거나 조금이라도 기분이 상하면 고래고래 소리를 지르고 상대방을 밀친다. 절차와 규칙을 무시하면서 막무가내로 고집을 부리고 자기중심성이 강하며 주변을 제멋대로 통제하려는 욕구가 높은 데 비해, 주위의 기대나 상대방의 기분을 고려하는 사회적 눈치는 부족했다.

소방관인 아빠는 고된 교대 근무를 하면서도 쉬는 날에는 아이와 잘 놀아주는 따뜻하고 편안한 사람이다. 하지만 엄마는 욱하고 참을성이 없어서 유현이가 잘못하면 소리를 지르기도 하고 앞에서 엉엉 울기도 한다. 감정 기복도 커서 잘해줄 때는 정말 잘해주지만 화를 낼 때는 앞뒤를 가리지 않는데, 이런 감정 기복이 아이에게 다 전달되는 듯했다. 엄마도 자신의 감정 기복을 잘 알고 있어서 "나의 가장 큰 문제는 감정을 숨기지 못하는 것이다", "신경질이 날 때 내가 자꾸 화를 내서 싸움으로 이어지니까 도망가고 싶다"라는 말을 하기도 했다. 하지만 여전히 조절이 어려워 갑작스럽게 화내거나 체벌하고 유현이 앞에서 울기도 한다.

아이 키우기는 신체적·심리적으로 많은 에너지가 필요하다. 예상치 못한 일이 끊임없이 생겨나 부모의 삶을 한계치까지 몰아붙인다. 눈 맞추고 방긋방긋 웃는 아이의 모습이 귀엽고 사랑스러우며, 뒤집고 걷고 옹알이를 하다가 "엄마"라고 부르는 아이의 행동이 뿌듯할 때도 많지만, 유현이처럼 고집을 부리거나 소리를 지를 때면 너무 밉기도 하다. 특히 다른 사람들 앞에서 고집을 부리고 짜증을 내거나, 유치원이나 학교에서 문제를 일으켜 전화가 오면 부끄럽고 민망하고 화가 난다.

그래도 소리를 지르거나 화를 내거나 유현이 엄마처럼 아이 앞에서 엉엉 울지는 말아야 한다. 아이가 무엇을 잘못했는지, 부모가 왜 속상하고 화가 났는지, 앞으로 어떻게 하기를 바라는지 정확하게 말로 표현한다. "유현아, 네가 학교에서 하윤이를 때렸다고 선생님이 엄마에게 전화했어. 하윤이가 지나가다가 네 책을 떨어뜨려서 기분이 나빴구나. 그런데 기분이 나쁘다고 해서 친구를 때려도 되는 것은 아니야. 앞으로는 유현이가 다른 사람을 때리지 않았으면 좋겠어"처럼 말이다.

부모 가운데는 아이에게 화가 나거나 속상할 때 못마땅한 표정을 짓거나 아이가 말을 걸어도 대답을 하지 않거나 문을 쾅쾅 닫거나 하면서 공포 분위기를 조성하고, 하루가 멀다고 아이 앞에서 울기만 하면서 아이의 문제점을 가르치고 훈육하지 않는 경우도 많다. 그런데 아이의 문제가 무엇인지, 어떤 점이 나아졌으면 좋겠는지, 지금 부모가 어떻게 느끼는지를 말로 표현하지 않으면 아이는 알 수가 없다. 부모가 차분하고 침착한 어조로 문제 상황과 부모의 감정을 말로 표현해주면, 아이는 부모의 마음도 더 잘 이해할 수 있고, 앞으로 자기가 뭘 해야 할지도 더 잘 알 수 있게 된다. 부모의 자기 조절을 배우는 것이다. 부모가 화를 내거나 울면서 말하면, 아이에게 기분이 나쁠 때는 화를 내거나 울면 된다는 것을 가르치는 셈이다. 그리고 울거나 공포 분위기만 조성하면서 무엇이 문제인지를 말하지 않으면, 아이는 부모가 자신을 이유 없이 비난한다거나 조종하려 한다고 느끼기 쉽다. 그래서 차분하고 침착하게 문제 상황과 부모의 감정에 대해서 말하는 것이 중요하다.

▶ 못마땅하다는 느낌만 전달하는 예: 아이를 째려보면서 "머리를 20분씩이나 말리고, 맨날 꾸무럭거리기만 하고… 그냥 지각해라, 지각해"라고 한마디를 한 다음에 문을 쾅 닫고 들어간다.

▶ 문제 상황을 말로 정확히 설명하는 예: "유현아, 학교 갈 시간이 다 되었는데 머리를 20분째 말리네. 학교에 지각하면 어떡하지? 지각

하지 말라고 담임 선생님이 따로 전화도 주셨는데… 또 지각하면 네가 선생님에게 혼날까 봐 걱정돼. 머리 그만 말리고 이제 나가자."

부모가 아이에게 화를 낼 때 마음속에는 가끔 화 이외의 다른 감정들이 숨어 있기도 하다. 아이가 지금처럼 고집이 세고 감정 기복이 심한 사람으로 자라면 어떻게 하나 하는 불안, 다른 사람에게 피해를 주는 사람으로 자라면 어떻게 하나 하는 걱정, 부모로서 아이를 잘못 키우고 있는 것은 아닌가 하는 부끄러움, '떳떳한 인생'을 살려고 노력해온 부모의 삶 자체가 부정당하는 느낌까지 복잡한 마음들이 숨어 있을 수 있다. 그래서 아이에게 화를 내기 전에는 부모 자신의 감정을 들여다보고 스스로 마음을 다독이려는 노력이 필요하다.

　※ 실제로 유현이와 이야기를 해보니 "내가 제일 걱정하는 것은 엄마에게 짜증을 내는 것이다", "나는 때때로 짜증이 난다", "나의 가장 나쁜 점은 엄마를 함부로 대하는 것이다"라고 하면서 자신의 문제점에 대해 어느 정도 알고 있었다. 다만 잘못된 행동이라고 후회를 하면서도 행동을 고치기가 어려웠고, 자주 혼나고 지적을 받으면서 억울함과 화를 느끼며, 자기 마음을 이해받지 못한다고 생각하다 보니, 오히려 더 감정을 폭발하게 되는 것 같다고 했다.
　유현이 엄마는 병원에 다녀간 다음부터 아이 앞에서 울지 않았다. 속상하거나 화가 날 때도 의연하게 대처하려고 노력했다. 유현이가 잘못한 행동에 대해서도 명확하게 이야기하고, 이로 인해 자기가 속상하거나 실망했을 때도 차분하게 그 감정을 말로 표현했다. 그러자 서로 부딪힐 일이 많이 줄어들었고, 아이도 조금씩 화를 덜 냈다. 엄마가 아이의 감정을 읽어주려고 노력하자, 아이도 자기감정을 보다 정확하고 명료하게 표현하려고 하는 것 같았다.

유현이가 그런 것처럼 아이는 부모의 말보다는 행동을 보고 배운다. 부모가 자기 마음속의 감정을 들여다보고 조절하려는 모습을 보며 아이도 자신의 감정과 행동, 생각을 조절해간다.

부모 자신의 삶을
돌아본다

부모가 아이를 돌보면서 느끼는 감정이나 아이를 돌보고 훈육하는 태도의 많은 부분은 이제까지 부모가 살아온 삶의 영향을 받는다. 그래서 아이를 잘 키우고 훈육하려면 부모 자신의 삶을 돌아보는 것이 필요하다.

❋ 서윤이(초1, 여)는 초등학교에 입학 후 친구들과 잘 어울리지 못하고 자꾸 부딪혔다. 화를 참지 못해 장난감이나 물건을 바닥에 던지고는 10~20분이 지나면 돌아와서 미안하다고 했다. 주로 누가 서윤이의 잘못을 지적할 때 화가 나서 소리를 지르는 듯했다. 서윤이는 주변 사람들로부터 관심이나 지지를 받고 싶은 욕구가 강하고 부정적인 평가나 비판에 취약했다. 자기

마음이나 기분을 알아주지 않거나 잘한 것을 충분히 칭찬해주지 않으면 분노감과 좌절감에 압도되어 소리를 지르거나 토라지곤 했다. "내 소원이 마음대로 이뤄진다면 첫 번째 소원은 인기가 많았으면 좋겠다"라고 할 정도였다.

서윤이 아빠는 초등학교 입학 전까지 거의 양육에 관여하지 않았고, 서윤이와 함께 보내는 시간도 적었다. 서윤이 엄마는 자신의 감정을 억제하는 편으로, 다른 사람의 감정을 읽어주거나 애정을 표현하는 데 익숙하지 않아서 서윤이의 마음을 알아주기가 어려웠다. "저는 어릴 때부터 제 마음을 잘 표현하지 못했어요. 저희 엄마는 늘 바빠서 제 마음을 알아준 적이 없고요. 저는 감정 표현에 서툴러서인지 아이가 소리를 지르면 깜짝 놀라고 감당이 안 돼요"라고 서윤이 엄마가 말했다.

서윤이 엄마는 늘 자신의 감정을 억제하면서 살아온 터라 서윤이가 크게 소리를 지르거나 울거나 물건을 바닥에 던지면 깜짝 놀라곤 했다. 우선 큰 소리가 나는 상황을 중단시키고, 다른 사람에게 피해를 주지 않으려고 서윤이를 다그치기도 했다. 서윤이 엄마는 자신뿐만 아니라 다른 사람의 감정도 말로 표현해본 경험이 많지 않아서 아이의 마음을 읽어주기가 어려웠고, 사랑한다는 표현은 더더욱 어색해했다. 그래도 자신의 성향을 이해하면서부터는 아이가 크게 소리를 내도 너무 깜짝 놀라지 않고 대범하게 대하려고 했고, 아이의 마음을 읽어주는 방법도 조금씩 익혀갔다.

※ 지율이(5세, 남)는 에너지가 넘치는 아이다. 그러다 보니 유치원에서도 통로를 지나가다가 물건을 떨어뜨려서 부수거나 다른 친구와 부딪히는 일이 매일매일 있었다. 지율이 엄마는 혹여 지율이가 실수하거나 민폐를 끼칠까 봐 조금이라도 문제의 소지가 있을 법한 행동은 무조건 하지 못하게 미리 제지하곤 했다. 아이가 친구 뒤에만 다가가도 당장 떨어지라고 했고, 밖에 나가면 절대 뛰지 말라는 말을 반복했다. 주변 사람들이 엄마에게 "아이를 왜 이렇게 감시해요?"라는 말까지 할 정도였다. 지율이 아빠도 불안이 높아 아이가 흘릴까 봐 물도 직접 따르지 못하게 했고, 지율이가 하지 말라는 행동을 하면 밀치거나 때리기도 했다.

엄마는 지율이가 유치원에서 적응을 잘 못 하고 친구들과 다툼이 지속되어 걱정도 많고 신체적·심리적으로 다소 소진된 상태였지만, 아이를 향한 애정 어린 관심이 부족하지 않고 아이를 어떻게 훈육해야 하는지 많이 고민하는 분이었다. 그렇지만 다른 사람을 너무 심하게 의식하고, 무엇보다 사전 계획이나 기존의 예측을 벗어나는 상황을 맞닥뜨리는 데 있어 불안과 불편감이 상당했다. "나의 단점은 남의 눈치를 너무 많이 본다", "원하던 일이 잘 풀리지 않으면 불안하다", "나의 나쁜 습관은 너무 앞서서 걱정하는 것이다", "아이 키우기는 내 마음대로 되지 않는 힘든 일이다", "내 인생에서 가장 중요한 것은 아이를 올바르게 키우는 것이다"라는 말을 하기도 했다. 그러다 보니 부주의하고 충동적인 돌발 행동이 빈번한 지율이를 키우는 일이 벅차게 느껴지는 듯했다. 아이를 남에게 피해 주는 사람으로 키워서는 안 된다는 부담감이 너무 커서, 또 아이가 실수할까 봐 걱정되어서 아이가 스스로 할 수 있는 일인데도 직접 해보게 한 적이 없었다. 아이가 자유롭게 시도해보고 서툴더라도 시행착오를 거쳐 자신의 독립성과 주도성을 체득해나가는 기회가 단절되어서 오히려 자기 조절을 키울 기회를 놓치게 하는 것 같았다. 지율이 엄마는 "어렸을 때 저희 엄마가 엄청 엄격하고 완벽주의인 분이었거든요. 조금만 잘못해도 혼났어요. 항상 엄마에게 혼나지 않으려고 스스로 조심하는 게 습관이 된 것 같아요"라면서 자신의 어린 시절 경험이 아이를 키우는 데 영향을 주는 것 같아 속상하다고 했다.

지율이 엄마는 예민한 성향을 타고난 데다 불안이 높고 도덕적 기준도 높았다. 아이에 대한 애정도 많고 마음도 잘 읽어주지만, 남에게 절대로 피해를 줘서는 안 된다는 생각에 아직 일어나지도 않은 일을 미리 제재하고, 아이가 스스로 무언가를 시도하고 실패를 경험하며 성장할 기회를 주지 않았다. 그런데 아이를 키우는 일은 완벽할 수가 없다. 아무리 조심하고 노력해도 아이는 부딪히고 싸우고 다른 사람에게 피해를 준다. 또 실제로 아이가 잘못하지 않았는데도 학교 폭력이나 다른 사건들의 가해자가 되기도 하고 여러 가지 사건에 휘말리기도 한다. 그래서 아이를 키울 때는 완벽주의를 내려놓아야 한다. 오히려 어떤 어려움이 있더라도 아이와 함께 헤쳐 나가겠다는 마음이 필요하다.

❋ 혜윤이(초3, 여)는 영유아기 때부터 항상 에너지와 텐션이 높고 활발하며, 가만히 있는 것을 힘들어해 쉬지 않고 말을 하는 아이였다. 분리 불안도 심해 엄마가 혼자서는 화장실에 갈 수조차 없었다. 초등학교 입학 후부터는 충동성이 더 심해졌는데, 친구들의 몸을 심하게 만지고, 이름을 외우지 않고 "야"라고 부르며, 친구들끼리 대화할 때 눈치 없이 끼어들곤 했다. 수업 중에도 가만히 있지 못해서 하고 싶은 말이 있으면 불쑥 아무 때나 하고 계속 뒤돌아봐서 혼나곤 했다.

처음에 엄마는 혜윤이가 학교에서 이런 행동으로 인해 계속 지적을 받으니까 엄하게 제지하고 호되게 혼냈었는데, 그랬더니 손톱을 심하게 뜯어서 지금은 감정적인 훈육을 줄이기 위해 애쓰고 있다. 그런데 아직은 야단치는 강도를 정하는 게 어렵다고 했다. 혜윤이는 "엄마는 화가 나면 버럭 하고 딱밤을 때려요!"라면서 엄마에게 혼났던 일을 말했다.

혜윤이 엄마는 아이의 미래에 관한 걱정과 함께 아이를 올바르게 지도하고 싶은 마음과 책임감이 아주 커서 "나는 아이가 올바르게 크지 않고 스스로 아프거나 남을 아프게 하는 사람으로 자랄까 봐 가장 두렵다"라고 말했다. "나는 힘든 것을 참지 못하는 편이다. 어릴 때부터 억울해도 참았던 게 쌓이다 보니 이제 더는 그러고 싶지 않다. 행복해지고 싶고, 주변에 나눌 수 있는 여유를 갖고 싶다", "어렸을 적 나는 양보를 잘하고 잘 참는 아이였다", "항상 부러웠던 것은 다정한 부모님과 따뜻한 가족이었다"라는 말을 하기도 했다. 혜윤이 엄마는 자기밖에 모르고 자기가 하고 싶은 대로만 하려는 이기적인 아빠와 늘 욱하고 혼내는 엄마 아래 자라면서 항상 많이 참고 자기 의견이 없는 사람으로 살았다. 혜윤이 엄마는 "저는 좋은 부모가 되어 아이를 잘 키우고 싶은데 항상 자신이 없어요. 그래서 더 혼을 많이 내나 봐요"라고 말하며 씁쓸해했다.

혜윤이 엄마는 자신이 어릴 때 가져보지 못한 다정하고 따뜻한 가족에 대한 소망이 있었다. 그래서 산만하고 충동적인 행동 때문에 혜윤이를 훈육할 때도 마음이 무겁고 정도와 범위와 강도를 정하기가 어려웠다.

부모가 어린 시절의 경험이나 자기 마음속에 있는 소망, 두려움, 불안 같은 것들이 자신의 양육과 훈육 방식에 영향을 준다는 사실을 이해하려고 노력한다면, 자신의 문제와 아이의 문제를 분리해서 바라볼 수 있을 것이다. 물론 내 마음속에 있는 아직 자라지 못한 어린아이를 바라보고 이해하며 다독이는 것은 매우 어려운 일이다. 그렇지만 적어도 나 자신의 문제에 대해서 계속 고민하는 사람은 그렇지 않은 사람보다 아이의 마음을 더 잘 들여다보고 더 차분하게 훈육할 수 있을 것이다.

그런데 다정한 가족, 완벽한 가족이 과연 세상에 있을까? 아마 없을 것이다. 세상에는 완벽한 가족도 없고, 언제나 다정한 가족도 없다. 뮤지컬 〈디어 에반 핸슨〉에서 주인공 에반의 엄마가 에반에게 불러주는 노래 중에 "내가 너에게 모든 걸 줄 수 없단걸, 언제나 빈자릴 느낄 거란걸, 아무리 노력해도 어쩔 수 없단걸 알았어"라는 가사가 나온다. 아이를 키우다 보면, 진료실에서 부모님들을 만나다 보면 정말 부모가 아무리 노력해도 아이에게 해줄 수 없는 것이 많다는 사실을 알게 된다. 그리고 부모가 노력한다고 해서 다정한 가족이 되거나 아무 문제가 없는 가족이 되는 것도 아니다. 사실은 어느 가족이나 약간의 다정함과 많은 갈등 속에서 살아간다. 가족이라는 것은, 원래 완벽하지 않은, 문제투성이인 사람들이 모여서 그럭저럭 서로 의지하고 살아가는 공동체 같기도 하다. 살다 보면 어려운 일이 생길 수도 있고, 좌절할 수도 있으며, 힘든 일을 겪을 수도 있다. 이런 지점들을 인정하고 받아들이면 조금 더 좋은 부모가 될 수 있을 것이다.

완벽하지는 않아도 그냥 옆에서 지켜봐주고, 손을 잡아주며, 아이가 어려운 시간을 스스로 견디고 지나갈 수 있도록 도와주는 것이 부모의 일이다. 완벽하지 않은 나 자신의 모습을 받아들이고, 내가 살면서 경험해온 것들과 나 자신의 감정과 생각, 소망을 잘 들여다보고 정리하다 보면 더 좋은 부모가 될 수 있을 것이다.

삶의 경계를
현명하게 설정한다
(feat. 부모 번아웃)

※ 미연 씨는 6세, 3세 두 아들의 엄마이다. 회사에 다니면서 집안 일을 하고 두 아들을 키우면서 몸과 마음이 너무 지친다고 했다. 아이들 때문에 가능한 한 일찍 퇴근하려고 낮에는 회사에서 잠시도 쉬지 못하고 일한다. 퇴근해서 집에 오면 집 안이 엉망진창으로 되어 있고, 집안일과 아이들 숙제와 준비물 등 챙겨야 할 일이 쌓여 있어서 숨이 턱턱 막혔다.

아이들에게 미안함과 죄책감을 표현하면서도 아이들을 키우는 게 너무 지친다며 남편도 아이들도 없는 곳에 가서 아무도 신경 쓰지 않고 혼자만의 시간을 보내고 싶다고 했다. 육아 자체가 부담스럽다 보니 아이의 마음을 읽어주거나 스킨십을 하는 등 정서적인 반응이 몹시 어려웠고, 엄마의 기준에 아이가 따라주지 않으면 속상해서 화를 많이 냈다. 엄마라는 역할에 번아웃이 찾아온 것 같았다.

번아웃burnout은 신체적·감정적으로 지치고, 무기력해지고, 자신이 싫어져 삶의 의미가 없어진 것 같다고 느끼는 증상을 뜻한다. 번아웃은 주로 감정적으로 소모적인 환경에 만성적으로 노출되면서 나타난다. 최근에는 '부모 번아웃', 즉 육아에 너무 지쳐 아무것도 할 수 없는 상태를 경험하고 있는 부모들이 늘어나고 있다. 부모 번아웃을 연구해온 이자벨 로스캄Isabelle Roskam과 모이라 미콜라이자크Moira Mikolajczak는 부모로서의 역할에 대해 신체적·감정적으로 지치고, 자신이 생각하던 이상적인 부모상에 비해 스스로 부족하다고 느끼며, 부모 역할이 버거워서 아이와 정서적으로 거리를 두기 시작하는 것이 부모 번아웃의 특징적인 증상이라고 했다.[70]

일하는 부모의 3분의 2가량이 육아 과정에서 번아웃을 경험한다고 하며, 엄마가 아빠보다 육아 스트레스를 더 많이 느낀다. COVID-19로 아이가 집에 있는 시간이 길어지고, 부모가 챙겨야하는 것들이 더 많아지면서 번아웃을 경험하는 부모들이 더욱더 늘어났다. 번아웃을 경험하는 부모들은 아이를 잘 돌볼 수 없을 뿐만 아니라, 우울·불안과 같은 정신 건강 문제를 경험하는 경우도 많다.

육아와 집안일, 그리고 직장 생활로 바쁜 가운데, 지치지 않기 위해서 가장 중요한 것은 내가 할 수 있는 것과 할 수 없는 것, 가정생활과 직장 생활, 나의 삶과 아이의 삶, 함께하는 시간과 나 자신을 위한 시간 등 삶의 경계를 잘 설정하는 것이다. 육아는 마라톤처럼 기나긴 시간을 뛰어야 하는 과정이므로 부모 스스로 잘 돌보는 것이 중요하다. 진료실에서 만나는 부모님들은 아이 문제로 인해 너무 지치고 힘들어서 스스로 돌볼 겨를이 없는 분들이 많다. 강연장에서 만나는 부모님들도 육아에 지친 분들이 정말 많았다. 나는 그런 분들에게 항상 삶의 경계를 짓고 자신을 돌보라는 이야기를 꼭 건넨다.

① 완벽한 부모가 아니어도 괜찮다

부모 번아웃을 경험하고 있다면 우선 '완벽한 부모'가 되어야 한다는 강박 관념을 내려놓아야 한다. 완벽한 부모가 되어야 한다는 부담감 때문에 오히려 아이와 부모 자신의 마음을 돌보기 어려울 수도 있다. 세상에 '완벽한 부모'라는 것은 없다. 완벽한 자녀가 없는 것처럼 말이다. 매 순간 부모로서 내가 할 수 있는 만큼의 역할을 하는 것만으로도 충분하다.

② 마음의 스위치를 작동시킨다

부모의 마음에도 스위치가 필요하다. 육아로 지쳤을 때, 아이를 걱정할 때, 아이에게 소리를 지르고 후회할 때 등 같은 생각을 긴 시간 반추하는 것은 정신 건강에 도움이 되지 않는다. 마음속 감정과 생각을 스위치로 끄듯이 딱 끄는 연습이 필요하다. 마음의 스위치도 노력하고 연습해야 생긴다. '아, 내가 또 똑같은 걱정을 반복하고 있구나. 잠깐 이 생각을 멈추고 다른 걸 해야겠다' 하고 스스로 생각을 알아차려 중단하는 연습을 하다 보면 차차 몸에 뻴 것이다.

출근하거나 다른 일을 해야 하는 시간이 되면 육아와 관련된 마음의 스위치를 딱 끄고 다른 일을 하는 것이 필요하다. 워킹맘이라면 출근할 때 엄마 마음의 스위치를 끄고, 퇴근하면서 엄마 마음의 스위치를 켜는 것이다. 마음의 스위치를 끄고 생각을 중단하는 연습을 하다 보면 조금 더 마음의 평안을 유지할 수 있다. 우리가 걱정하는 일들의 대부분은 걱정한다고 해서 해결이 되지 않는다. 우리의 마음만 더 힘들어질 뿐이다.

⑤ 아이에게 집중하는 시간을 정한다

부모가 아이와 함께 보내는 모든 시간을 아이에게 집중하기란 불가능하다. 가끔 학령전기의 어린아이를 키우는 부모님 중에는 직장에 다녀서, 집안일이 많아서, 아이가 여럿이어서 아이와 재미있게 놀아줄 시간이 적다고 자책하는 경우가 많다. 또 어떤 부모님은 온종일 아이 곁에 있지만, 살펴보면 아이는 혼자서 놀고 있고, 엄마는 옆에서 빨래를 개고 있고, 아빠는 핸드폰을 하고 있다. 그리고 나선 부모님은 아이와 놀았다고 생각하고, 아이는 부모님이 놀아주지 않는다고 생각하는 것이다. 부모도 사람이기 때문에 모든 순간 좋은 부모가 될 수는 없다. 특히 아이가 예민해서 까다로운 기질을 가지고 있거나, 부모에게 지나치게 의존적이거나, 부모가 돌봐야 하는 형제자매나 다른 가족이 있는 경우에는 더욱 그렇다.

그래서 아이에게 집중하는 시간과 자기 일이나 집안일을 하는 시간을 구별해야 한다. 하루를 집안일 하는 시간, 업무를 보는 시간, 쉬는 시간, 아이와 놀이하는 시간 등으로 나누고, 아이와 놀이하는 시간에는 다른 일은 아무것도 하지 않고, 아이와 눈을 맞추고 아이의 말을 집중해서 들으며 아이와 놀이하는 것이다. 긴 시간이 아니어도 괜찮다. 하루 20~30분이어도 좋으니 아이에게 집중하는 시간을 정해 그 시간에는 아이가 원하는 놀이를 하거나 아이의 이야기를 집중해서 들어주는 것이다.

부모가 아이와 즐겁게 시간을 보내다 보면 아이는 그다음 놀이 시간을 기다리게 된다. '내일은 엄마(아빠)랑 종이접기를 해야지' 하고 계획을 세우기도 한다. 이렇게 다음번 놀이 시간을 기다리면서 아이는 부모님이 나에게 덜 집중하는 시간을 더 잘 견디게 된다.

④ 나를 위한 시간을 가진다

아무리 사소해도 나 자신에게 기쁨을 주는 일, 위로가 되는 일이 필요하다. 일주일에 한두 번 강도 높은 운동을 하거나, 하루 중 잠깐이라도 요가나 스트레칭, 산책을 해도 좋고, 영화나 드라마를 보거나, 좋아하는 가수의 노래를 들어도 좋다. 집 앞 카페에서 커피를 마시면서 잠깐 쉬어가는 시간을 가져도 효과적이다. 무엇이라도 좋으니 부모가 잠깐 숨 돌릴 시간이 필요하다. 여유 시간을 보낼 때는 미안함이나 죄책감을 느끼지 말고 그 시간만큼은 진정한 힐링과 회복의 시간으로 채운다. 이렇게 부모가 자신을 위한 시간, 자신의 마음을 돌보는 시간을 따로 가지는 것을 보고 아이도 자신의 마음을 돌보는 삶의 태도를 배운다.

◎ 육아 동지를 찾아본다

아이를 키우면서 힘든 일은 아이를 키워보지 않은 사람은 잘 이해하기가 어렵다. 가까운 가족이나 친한 친구라고 해도 마찬가지이다. 그래서 주변에서 우리 아이와 비슷한 또래의 아이를 키우는 엄마, 즉 육아 동지를 찾아보면 도움이 된다. 아이의 발달과 양육에 대한 정보를 교환하기도 하고, 육아를 하며 힘든 점을 서로 이해하고 공감해주기도 하고, 함께 아이들을 데리고 놀이터나 키즈카페, 놀이공원에도 갈 수 있다. 그래서 가끔은 내 친구보다 조리원 동기나 아이 친구 엄마가 더 편안하다고 하는 엄마들도 있다.

◎ 힘들 때는 주변에 도움을 요청한다

부모도 사람이다. 몸과 마음이 힘들 때는 도움을 요청하는 것이 좋다. 남편이 육아에 참여하지 않으면 함께하자고 말해야 한다. 육아에 직접적인 도움이 안 된다 할지라도 남편에게 이야기를 하다 보면 생각이 정리되고 감정이 가라앉기도 한다. 그리고 잠시나마 남편이나 부모님에게 아이를 맡기고 쉬거나 혼자만의 시간을 가진다. 부모님, 친구나 지인, 국가나 공공 기관에서 운영하는 아이 돌봄 서비스나 돌봄 기관의 도움을 받을 수 있는지 알아본다. 만약 아무리 노력해도 마음이 나아지지 않으면 병원이나 상담 기관을 찾아가 도움을 받는 것도 좋다.

부모와 함께
자라는 아이

지금까지 아이의 자기 조절이 가진 다양한 측면을 살펴보고, 자기 조절이 자라는 데 아이의 기질과 주변 환경에서 경험하는 것들이 어떻게 영향을 주는지를 함께 알아봤다. 자기 조절과 관련된 뇌 신경 회로에 대해서도 공부하고, 아이의 자기 조절을 도와주기 위해 부모가 할 수 있는 일에 대해서도 이야기했다.

사실 아이들은 모두 다르다. 비슷한 행동을 보이는 아이들도 찬찬히 살펴보면 각자 다른 문제를 가지고 있는 경우가 많다. 한번은 초등학교 1학년 쌍둥이 남매가 둘 다 짜증을 많이 내고 친구들과 자주 다퉈서 병원에 왔다. 그중 남자아이인 보현이는 에너지 레벨이 높고 충동성이 강해서 친구들을 툭툭 치고 말을 함부로 하는 것이 문제였다. 보현이는 운동을 많이 하도록 하고, 부모님이 단호하게 훈육하면서, 자기 할 일을 챙기고 친구를 배려하는 방법을 가르치도록 했다. 반면에 여자아이인 보민이는 불안이 높은 아이였다. 새로운 환경에 놓이거나 예상치 못한 일이 생기면 불안이 올라오고, 자기 불안이 스스로 감당이 안 될 때 짜증을 내는 것 같았다. 친구들은 보민이가 왜 갑자기 짜증을 내는지 이해하기가 어려워서 다가오지 못하는 듯했다. 보민이에게는 마음을 읽어주고 자기감정을 말로 표현하는 훈련이 필요했다. 불안이 너무 심할 때마다 스스로 다독일 수 있게 몰랑이 인형을 손에 들고 다니면서 학교에서 소리 지르는 일을 줄여나갔다.

보현이와 보민이의 사례처럼 같은 문제 행동으로 병원을 찾아왔다고 해도 아이들의 진짜 문제와 그 원인은 각각 다르다. 자기 조절의 각 측면들이 자라는 속도도 다르기에 아이를 도와주는 방법도 달라야 한다. 이처럼 아이를 키우는 일에는 정답이 없다. 우리 아이를 찬찬히 들여다보고 잘 이해하려고 노력해야 우리 아이에게 맞는 방식으로 적절하게 도와줄 수 있다. 이 책에서 이야기한 자기 조절의 다양한 측면과 자기 조절의 발달에 영향을 미치는 요소를 잘 알면 우리 아이만의 자기 조절 역시 잘 이해해서 도와줄 수 있을 것이다.

부모가 육아서를 읽고 아이의 발달을 공부하고 아이의 마음을 읽고 훈육을 잘하기 위해 아무리 노력해도 아이는 금방금방 바뀌지 않는다. 아이의 뇌가 자라는 데 시간이 필요한 것처럼, 아이의 마음이 자라는 데 부모와 주변 사람들의 노력이 필요한 것처럼, 아이의 자기 조절이 자라는 데는 기다림이 필요하다. 더구나 지금은 아이를 키우기가 참 힘든 세상이다. 세상이 아이에게 요구하는 것도 많고, 아이가 배우고 조절해야 하는 것도 너무 많다. 그리고 육아라는 것이 부모가 노력하는 대로 되는 것도 아니고, 부모가 바라는 대로 아이가 자라는 것도 아니다. 아이를 잘 키우기 위해 부모가 해야 하는 것들이 너무 많아 부담스럽고 막막하게 느껴진다.

그래도 아이들은 다 자란다. 자신의 감정이나 생각을 표현하는 능력도 자라고, 감정과 행동을 조절하는 능력도 자라며, 스스로 동기 부여하고 노력하며 성취해가는 모습도 보여준다. 다른 사람의 마음을 이해하고 배려하는 능력과 부모님을 돌아보는 마음도 자란다. 아이들의 뇌가 자라고, 또 아이들에게 자신들을 위해 애쓰는 부모님의 마음이 전해지기 때문이다.

2007년 내가 서울대학교 병원에서 소아정신건강의학과 전문의가 되기 위해 전임의 과정을 할 때, 지도 교수였던 조수철 교수님이 외래에서 엄마들에게 가장 많이 했던 말씀이 "조금만 기다려봅시다"였다. 처음에 나는 속으로 '우리 선생님은 왜 엄마들에게 해결책은 안 주고 맨날 기다리라고만 하나'라고 생각했는데, 같은 아이가 다음, 또 그다음 진료를 올 때 살펴보면 한 뼘씩 자란 모습을 마주할 수 있었다.

이제 나도 10년씩, 15년씩 보는 아이들이 많아지면서 그들이 엄청나게 성장하는 모습을 지켜보고 있다. 몇 년이 지나면 엄마들을 힘들게 했던 여러 가지 문제는 엄마들에게도, 또 나에게도 잊혀 힘들었던 시간이 병원 의무 기록으로만 남기도 한다. 가끔 몇 년 전 차트를 보면서 "어머니, 5년 전에 성우가 키즈 카페 트램펄린에서 혼자서만 뛰겠다고 다른 아이들 다 쫓아내라고 고래고래 소리 질렀던 거 생각나세요? 어머님이 키즈 카페 사장님에게 아이를 어떻게 키운 거냐고 한 소리 들었다고 하면서 학교 들어가서 다른 아이들을 괴롭힐까 봐 많이 걱정하셨잖아요. 그런데 지금 이렇게 친구들이랑 잘 지내는 인싸가 될 줄 몰랐죠?" 하며 같이 웃기도 한다.

우리 아이가 자기 자신을 잘 이해하고, 조절하며, 사랑하는 아이로 자랄 것이라는 믿음을 가져보자. 때로는 부족하고 때로는 힘들지만 아이 곁에서 조금이라도 더 나은 부모가 되려고 노력하는 나 자신을 칭찬하고 격려해주자. 어차피 세상에 완벽한 부모는 없다. 지금보다 조금이라도 나아지려고 애쓰고 있다는 것만으로 이미 많은 일을 하는 것이다. 이렇게 험난한 세상에서 아이의 곁을 지키고 있다는 것만으로도 우리는 이미 충분히 훌륭한 부모이다.

아이에게 딱 하나만 가르친다면, 자기 조절

⌁ 참고 문헌

1 Early Education. Birth to 5 matters: Non-statutory guidance for the early years foundation stage. St Albans, UK: Early Years Coalition; 2021.

2 LeDoux J. Synaptic self: How our brains become who we are. London: Penguin Books; 2002.

3 Bunford N, Evans SW, Wymbs F. ADHD and emotion dysregulation among children and adolescents. Clin Child Fam Psychol Rev. 2015;18:185-217.

4 Etkin A, Egner T, Kalisch R. Emotional processing in anterior cingulate and medial prefrontal cortex. Trends Cogn Sci. 2011;15:85-93.

5 Wilcox CE, Pommy JM, Adinoff B. Neural circuitry of impaired emotion regulation in substance use disorders. Am J Psychiatry. 2016;173:344-361.

6 Rothbart MK, Bates JE. Temperament. In Damon W, Eisenberg N. (eds) Handbook of child psychology: Social, emotional and personality development. 5th ed. New York: Wiley; 1998. pp. 105-176.

7 Mischel W, Ebbesen, EB. Attention in delay of gratification. J Pers Soc Psychol. 1970;16:329-337.

8 Casey BJ, Somerville LH, Gotlib IH, Ayduk O, Franklin NT, Askren MK, Jonides J, Berman MG, Wilson NL, Teslovich T, Glover G, Zayas V, Mischel W, Shoda Y. Behavioral and neural correlates of delay of gratification 40 years later. Proc Natl Acad Sci USA. 2011;108:14998-15003.

9 Eigsti IM, Zayas V, Mischel W, Shoda Y, Ayduk O, Dadlani MB, Davidson MC, Lawrence Aber J, Casey BJ. Predicting cognitive control from preschool to late adolescence and young adulthood. Psychol Sci. 2006;17:478-484.

10 고은경, 강진주, 오상지. 초등학교 저학년의 지능, 행동문제, 학업성취 관계에서 행동문제의 매개효과 및 집행기능의 조절효과. 학습자중심교과교육연구. 2021;21:933-948.

11 Roebers CM. Executive function and metacognition: Towards a unifying framework of cognitive self-regulation. Dev Rev. 2017;45:31-51.

12 de Castro BO, Merk W, Koops W, Veerman JW, Bosch JD. Emotions in social information processing and their relations with reactive and proactive aggression

in referred aggressive boys. J Clin Child Adolesc Psychol. 2005;34:105-116.

13 Rotter JB. Generalized expectancies of internal versus external control of reinforcements. Psychol Monogr. 1966;80:1-18.

14 Dweck CS, Leggett EL. A social-cognitive approach to motivation and personality. Psychol Rev. 1988;95:256-273.

15 Lepper MR, Greene D, Nisbett RE. Undermining of children's intrinsic interest with extrinsic rewards: A test of the "overjustification" hypothesis. J Pers Soc Psychol. 1973;28:129-137.

16 Brown J. The self. Oxfordshire, UK: Routledge; 2009.

17 Markus H, Ruvolo A. Possible selves: Personalized representations of goals. In Pervin LA. (ed) Goal concepts in personality and social psychology. Hillsdale, NJ: Lawence Erlbaum Associates; 1989. pp. 211-242.

18 국립정신건강센터. 2022년 정신건강실태조사 보고서 (소아청소년). 2024. 서울. 보건복지부 국립정신건강센터.

19 Henderlong J, Lepper MR. The effects of praise on children's intrinsic motivation: A review and synthesis. Psychol Bull. 2002;128:774-795.

20 과학기술정보통신부, 한국지능정보사회진흥원. 2023 스마트폰 과의존 실태조사. 2023. 세종.

21 Bates JE. Concepts and measurement of temperament. In Kohnstamm GA, Bates JE, Rothbart MK. (eds) Temperament in childhood, Chichester, UK: Wiley & Sons; 1989. pp. 3-26.

22 Morris AS, Criss MM, Silk JS, Houltberg BJ. The impact of parenting on emotion regulation during childhood and adolescence. child Dev Perspect. 2017;11:233-238.

23 Grolnick WS, Bridges LJ, Connell JP. Emotion regulation in two-year-olds: Strategies and emotional expression in four contexts. Child Dev. 1996;67:928-941.

24 McClelland M, Geldhof J, Morrison F, Gestsdóttir S, Cameron C, Bowers E, Duckworth A, Little T, Grammer J. Self-regulation. In Halfon N, Forrest CB, Lerner RM, Faustman EM. (eds) Handbook of life course health development. Cham, Switzerland: Springer; 2018. pp. 275-298.

25 Deneault AA, Bakermans-Kranenburg MJ, Groh AM, Fearon PRM, Madigan S.

Child-father attachment in early childhood and behavior problems: A meta-analysis. New Dir Child Adolesc Dev. 2021;2021:43-66.

26 Altenburger LE, Schoppe-Sullivan SJ. New fathers' parenting quality: Personal, contextual, and child precursors. J Fam Psychol. 2020;34:857-866.

27 Piaget J. The moral judgment of the child. New York: Free Press;1932.

28 Blair C. Stress and the development of self-regulation in context. Child Dev Perspect. 2010;4:181-188.

29 Troy AS, Willroth EC, Shallcross AJ, Giuliani NR, Gross JJ, Mauss IB. Psychological resilience: An affect-regulation framework. Annu Rev Psychol. 2023;74:547-576.

30 윤홍균. 자존감 수업. 심플라이프. 2016년.

31 Reasoner R. Building self-esteem: A comprehensive program for schools. Palo Alto, CA: Consulting Psychologists Press; 1982.

32 Fitzpatrick C, Harvey E, Cristini E, Laurent A, Lemelin JP, Garon-Carrier G. Is the association between early childhood screen media use and effortful control bidirectional? a prospective study during the COVID-19 pandemic. Front Psychol. 2022;13:918834.

33 Cliff DP, Howard SJ, Radesky JS, McNeill J, Vella SA. Early childhood media exposure and self-regulation: Bidirectional longitudinal associations. Acad Pediatr. 2018;18:813-819.

34 Muppalla SK, Vuppalapati S, Pulliahgaru AR, Sreenivasulu H. Effects of excessive screen time on child development: An updated review and strategies for management monitoring. Cureus. 2023;15:e40608.

35 Radesky JS, Kistin CJ, Zuckerman B, Nitzberg K, Gross J, Kaplan-Sanoff M, Augustyn M, Silverstein M. Patterns of mobile device use by caregivers and children during meals in fast food restaurants. Pediatrics. 2014;133:e843-849.

36 Du J, Kerkhof P, van Koningsbruggen GM. Predictors of social media self-control failure: Immediate gratifications, habitual checking, ubiquity, and notifications. Cyberpsychol Behav Soc Netw. 2019;22:477-485.

37 Wadsley M, Ihssen N. A systematic review of structural and functional MRI studies investigating social networking site use. Brain Sci. 2023;13:787.

38 Lee T, Park H, Ryu JM, Kim N, Kim HW. The association between media-based exposure to nonsuicidal self-injury and emergency department visits for self-harm. J Am Acad Child Adolesc Psychiatry. 2023;62:656-664.

39 Alexander GE, DeLong MR, Strick PL. Parallel organization of functionally segregated circuits linking basal ganglia and cortex. Annu Rev Neurosci. 1986;9:357-381.

40 Milad MR, Rauch SL. Obsessive-compulsive disorder: Beyond segregated cortico-striatal pathways. Trends Cogn Sci. 2012;16:43-51.

41 van den Heuvel OA, van Wingen G, Soriano-Mas C, Alonso P, Chamberlain SR, Nakamae T, Denys D, Goudriaan AE, Veltman DJ. Brain circuitry of compulsivity. Eur Neuropsychopharmacol. 2016;26:810-827.

42 Shephard E, Stern ER, van den Heuvel OA, Costa DLC, Batistuzzo MC, Godoy PBG, Lopes AC, Brunoni AR, Hoexter MQ, Shavitt RG, Reddy YCJ, Lochner C, Stein DJ, Simpson HB, Miguel EC. Toward a neurocircuit-based taxonomy to guide the treatment of obsessive-compulsive disorder. Mol Psychiatry. 2021;26:4583-4604.

43 Farb NAS, Anderson AK, Segal ZV. The mindful brain and emotion regulation in mood disorders. Can J Psychiatry. 2012;57: 70-77.

44 Carmichael ST, Price JL. Limbic connections of the orbital and medial prefrontal cortex in macaque monkeys. J Comp Neurol. 1995;363:615-641.

45 Tanabe J, Tregellas JR, Dalwani M, Thompson L, Owens E, Crowley T, Banich M. Medial orbitofrontal cortex gray matter is reduced in abstinent substance-dependent individuals. Biol Psychiatry. 2009;65:160-164.

46 Wallis JD. Chapter 15-reward. In D'Esposito M, Grafman JH. (eds) Handbook of clinical neurology. Vol. 163. Amsterdam, Netherlands: Elsevier; 2019. pp. 281-294.

47 Voon V, Derbyshire K, Ruck C, Irvine MA, Worbe Y, Enander J, Schreiber LR, Gillan C, Fineberg NA, Sahakian BJ, Robbins TW, Harrison NA, Wood J, Daw ND, Dayan P, Grant JE, Bullmore ET. Disorders of compulsivity: A common bias towards learning habits. Mol Psychiatry. 2015;20:345-352.

48 Cohen JR, Lieberman MD. The common neural basis of exerting self-control in

multiple domains. In Hassin RR, Ochsner KN, Trope Y. (eds) Self-control in society, mind, and brain. Oxford, UK: Oxford University Press; 2010. pp. 141-160.

49 Shaw P, Eckstrand K, Sharp W, Blumenthal J, Lerch JP, Greenstein D, Clasen L, Evans A, Giedd J, Rapoport JL. Attention-deficit/hyperactivity disorder is characterized by a delay in cortical maturation. Proc Natl Acad Sci USA. 2007;104:19649-19654.

50 애나 렘키. 김두완 옮김. 도파민네이션. 흐름출판. 2022년.

51 Lammel S, Lim BK, Ran C, Huang KW, Betley MJ, Tye KM, Deisseroth K, Malenka RC. Input-specific control of reward and aversion in the ventral tegmental area. Nature. 2012:491;212-217.

52 Soares-Cunha C, de Vasconcelos NAP, Coimbra B, Domingues AV, Silva JM, Loureiro-Campos E, Gaspar R, Sotiropoulos I, Sousa N, Rodrigues AJ. Nucleus accumbens medium spiny neurons subtypes signal both reward and aversion. Mol Psychiatry. 2020;25:3448.

53 Nall RW, Heinsbroek JA, Nentwig TB, Kalivas PW, Bobadilla AC. Circuit selectivity in drug versus natural reward seeking behaviors. J Neurochem. 2021;157:1450-1472.

54 Goldstein RZ, Volkow ND. Dysfunction of the prefrontal cortex in addiction: Neuroimaging findings and clinical implications. Nat Rev Neurosci. 2011;12:652-669.

55 McClure S, Laibson D, Loewenstein G, Cohen J. Separate neural systems value immediate and delayed monetary rewards. Science. 2004;306:503.

56 McClure S, Ericson K, Laibson D, Loewenstein G, Cohen J. Time discounting for primary rewards. J Neurosci. 2007;27:5796.

57 Coutleea CG, Huettela SA. The functional neuroanatomy of decision making: Prefrontal control of thought and action. Brain Res. 2012;1428C:3-12.

58 Liljeholm M, O'Doherty, JP. Contributions of the striatum to learning, motivation, and performance: An associative account. Trends Cogn Sci. 2012;16:467-475.

59 Chaudhuri A, Behan PO. Fatigue and basal ganglia. J Neurol Sci. 2000;179:34-42.

60 Stansbury K, Zimmermann LK. Relations among child language skills, maternal

socializations of emotion regulation, and child behavior problems. Child Psychiatry Hum Dev. 1999;30:121-142.

61 Marusak HA, Thomason ME, Sala-Hamrick K, Crespo L, Rabinak CA. What's parenting got to do with it: Emotional autonomy and brain and behavioral responses to emotional conflict in children and adolescents. Dev Sci. 2018;21:e12605.

62 Farb NAS, Anderson AK, Segal ZV. The mindful brain and emotion regulation in mood disorders. Can J Psychiatry. 2012;57:70-77.

63 Hölzel BK, Carmody J, Vangel M, Congleton C, Yerramsetti SM, Gard T, Lazar SW. Mindfulness practice leads to increases in regional brain gray matter density. Psychiatry Res. 2011;191:36-43.

64 Zoladz JA, Pilc A. The effect of physical activity on the brain derived neurotrophic factor: From animal to human studies. J Physiol Pharmacol 2010;61:533-541.

65 Hyland-Monks R, Cronin L, McNaughton L, Marchant D. The role of executive function in the self-regulation of endurance performance: A critical review. Pro Brain Res. 2018;240:353-370.

66 Black MM, Singhal A, Hillman CH. (eds) Building future health and well-being of thriving toddlers and young children. 95th Nestle Nutrition Institute Workshop. Geneva, September 2020. Nestle Nutr Inst Workshop Ser. Basel, Switzerland: Karger; 2020. vol 95, pp. 1-11.

67 World Health Organization. Guidelines on physical activity, sedentary behaviour and sleep for children under 5 years of age. Geneva, Switzerland: World Health Organization; 2019.

68 World Health Organization. Guidelines on physical activity and sedentary behaviour. Geneva, Switzerland: World Health Organization; 2019.

69 이연정, 이소영, 이아름, 반건호, 최태영, 김지연, 김지훈, 박은진. 박준성, 방수영, 이문수, 이소희, 최상철. 아동과 청소년들의 스마트폰 사용에 대한 정신건강의학과 전문의의 의견 조사. 신경정신의학. 2015;54:556-563.

70 Roskam I, Mikolajczak M. The slippery slope of parental exhaustion: A process model of parental burnout. J Appl Dev Psychol. 2021;77:101354.

아이에게 딱 하나만 가르친다면,

자기 조절

초판 1쇄 발행 2025년 1월 20일
초판 5쇄 발행 2025년 3월 5일

지은이	김효원
펴낸이	권미경
편집	최유진
마케팅	심지훈, 강소연, 김재이
디자인	어나더페이퍼

펴낸곳	㈜웨일북
출판등록	2015년 10월 12일 제2015-000316호
주소	서울시 마포구 토정로 47 서일빌딩 701호
전화	02-322-7187
팩스	02-337-8187
메일	sea@whalebook.co.kr
인스타그램	instagram.com/whalebooks

ⓒ 김효원, 2025
ISBN 979-11-92097-95-4 (03590)

소중한 원고를 보내주세요.
좋은 저자에게서 좋은 책이 나온다는 믿음으로, 항상 진심을 다해 구하겠습니다.